电网工程监理工作手册

变电分册

广东电网有限责任公司佛山供电局
广东诚誉工程咨询监理有限公司　编

中国电力出版社
CHINA ELECTRIC POWER PRESS

内 容 提 要

《电网工程监理工作手册》丛书共分 5 个分册，包括《监理管理分册》、《输电分册》、《变电分册》、《配电分册》及《土建分册》。

本书为《变电分册》，旨在全面深入阐述项目实施阶段变电专业监理工作流程及控制要点。全书分为 12 章：第 1 章介绍了主变压器系统设备安装监理工作流程及控制要点；第 2 章介绍了保护、控制及直流设备安装监理工作流程及控制要点；第 3 章介绍了配电装置安装监理工作流程及控制要点；第 4 章介绍了封闭式组合电器安装监理工作流程及控制要点；第 5 章介绍了站用配电装置安装监理工作流程及控制要点；第 6 章介绍了无功补偿装置安装监理工作流程及控制要点；第 7 章介绍了全站电缆施工监理工作流程及控制要点；第 8 章介绍了全站防雷及接地装置安装监理工作流程及控制要点；第 9 章介绍了通信监理工作流程及控制要点；第 10 章介绍了试验监理工作流程及控制要点；第 11 章介绍了继电保护监理工作流程及控制要点；第 12 章介绍了变电站综合自动化监理工作流程及控制要点。全书涵盖了电网工程变电专业常用的分部分项工程内容，每个章节根据各分部分项工程施工流程梳理出对应的监理依据、监理控制要点、安全风险控制要点、常见问题分析及控制措施，并配套相应的质量问题及标准示范图片。

本书可供电网工程工程项目管理人员、监理人员和施工人员使用，也可作为工程建设相关专业管理人员和技术人员的参考用书。

图书在版编目（CIP）数据

电网工程监理工作手册. 变电分册 / 广东电网有限责任公司佛山供电局，广东诚誉工程咨询监理有限公司编. —北京：中国电力出版社，2018.4
  ISBN 978-7-5198-1778-7

Ⅰ. ①电… Ⅱ. ①广… ②广… Ⅲ. ①电网–电力工程–监理工作–技术手册②变电所–电力工程–监理工作–技术手册 Ⅳ. ①TM727-62②TM63-62

中国版本图书馆 CIP 数据核字（2018）第 037592 号

出版发行：中国电力出版社
地　　址：北京市东城区北京站西街 19 号（邮政编码 100005）
网　　址：http://www.cepp.sgcc.com.cn
责任编辑：邦兴庆（010-63412376）
责任校对：常燕昆
装帧设计：张俊霞　赵姗姗
责任印制：邹树群

印　　刷：三河市万龙印装有限公司
版　　次：2018 年 4 月第一版
印　　次：2018 年 4 月北京第一次印刷
开　　本：710 毫米×980 毫米　16 开本
印　　张：13.5
字　　数：227 千字
印　　数：0001—2000 册
定　　价：67.00 元

《电网工程监理工作手册》编审委员会

主　任　张良栋

副主任　罗旭恒

委　员　郭伟洪　张　雨　梁敏杰　倪伟东　胡晓萌　陈洪海

　　　　林　峻　熊林材　谢晓风　马金超　邓顺雄　刘世辉

　　　　杨　鹏　黄　继　张修椿　江双喜　欧镜锋

《变电分册》编审人员

主　编　刘钰成

副主编　贺小华

参　编　高源辉　周春晖　廖有潮　叶永强　欧镜锋　刘忠明

　　　　周伟锋　李文炜　陈邦炜　吕周尚　王　奇　阳志勇

　　　　王恒钧　梁　栋

主　审　郭正余　刘宏军　黄友胜　王安民

主编单位　广东电网有限责任公司佛山供电局

　　　　　广东诚誉工程咨询监理有限公司

参编单位　佛山瑞德能源投资公司

　　　　　佛山市诚智工程监理有限公司

国家在工程建设领域实行监理制度以来，电力监理企业在电网工程建设质量、进度、投资控制及安全管理、现场文明施工管理中发挥了重要作用，成为电网工程建设中不可或缺的重要一方，为电网工程建设事业做出了不可磨灭的贡献。提高电力监理企业的监理工作水平，有利于推进电网工程建设管理总体目标的实现。

随着能源行业的飞速发展，国企体制改革的步伐不断加快，参与电网工程建设市场的各方均面临诸多新挑战与新机遇。广东电网有限责任公司佛山供电局希望通过提高电力监理企业管理水平，促进企业围绕电网产业价值链的关键环节，构建核心竞争优势，从而推动企业的持续健康发展。

《电网工程监理工作手册》系列丛书由广东电网有限责任公司佛山供电局联合广东诚誉工程咨询监理有限公司共同编写，以电网工程建设项目管理和二十年监理实践为基础，以监理业务为主线，将规范、制度及标准等管理要求进行系统性的梳理，融入风险管理要求，实现工作规范化、标准化及流程化。本系列丛书的出版，初步构建了监理工作规范化作业标准体系，使监理人员，特别是新进入监理行业的人员，能更为快速、便捷、准确地掌握施工阶段监理工作的内容、程序、控制要点及要求。

《电网工程监理工作手册》系列丛书凝聚了一批又一批项目管理、质量管理、安全管理、技术管理人员以及现场总监理工程师、专业监理工程师、安全监理工程师的心血、汗水和智慧，历经多次修编、改版而最终形成。本丛书共分 5 个分册，包括《监理管理分册》、《输电分册》、《变电分册》、《配电分册》及《土建分册》。

限于编者水平，书中难免存在不足之处，恳请专家和读者批评指正，以臻完善。

编　者
2017 年 12 月

目 录

第6章 无功补偿装置安装

第7章 全站电缆施工

第8章 全站防雷及接地装置安装

第9章 通信工程

第10章 试验

第11章 继电保护

第12章 变电站综合自动化

第 1 章

主变压器系统设备安装

编码：DQ-001

1 监理依据

序号	引用资料名称
1	GB 50147—2010《电气装置安装工程　高压电器施工及验收规范》
2	GB 50148—2010《电气装置安装工程　电力变压器、油浸电抗器、互感器施工及验收规范》
3	GB 50150—2016《电气装置安装工程　电气设备交接试验标准》
4	GB 50169—2016《电气装置安装工程　接地装置施工及验收规范》
5	GB/T 50319—2013《建设工程监理规范》
6	《中华人民共和国工程建设标准强制性条文：电力工程部分（2011 年版）》
7	DL 5009.3—2013《电力建设安全工作规程　第 3 部分：变电站》
8	DL/T 5434—2009《电力建设工程监理规范》
9	DL/T 596—1996《电力设备预防性试验规程》
10	工程设计图纸、厂家技术文件等技术文件

2 作业流程

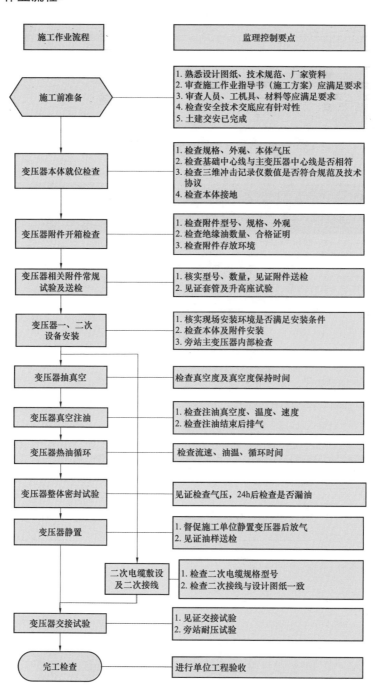

施工作业流程	监理控制要点
施工前准备	1. 熟悉设计图纸、技术规范、厂家资料 2. 审查施工作业指导书（施工方案）应满足要求 3. 审查人员、工机具、材料等应满足要求 4. 检查安全技术交底应有针对性 5. 土建交安已完成
变压器本体就位检查	1. 检查规格、外观、本体气压 2. 检查基础中心线与主变压器中心线是否相符 3. 检查三维冲击记录仪数值是否符合规范及技术协议 4. 检查本体接地
变压器附件开箱检查	1. 检查附件型号、规格、外观 2. 检查绝缘油数量、合格证明 3. 检查附件存放环境
变压器相关附件常规试验及送检	1. 核实型号、数量，见证附件送检 2. 见证套管及升高座试验
变压器一、二次设备安装	1. 核实现场安装环境是否满足安装条件 2. 检查本体及附件安装 3. 旁站主变压器内部检查
变压器抽真空	检查真空度及真空度保持时间
变压器真空注油	1. 检查注油真空度、温度、速度 2. 检查注油结束后排气
变压器热油循环	检查流速、油温、循环时间
变压器整体密封试验	见证检查气压，24h后检查是否漏油
变压器静置	1. 督促施工单位静置变压器后放气 2. 见证油样送检
二次电缆敷设及二次接线	1. 检查二次电缆规格型号 2. 检查二次接线与设计图纸一致
变压器交接试验	1. 见证交接试验 2. 旁站耐压试验
完工检查	进行单位工程验收

3　监理控制要点

（1）施工前准备。

序号	监理控制要点	监理成果文件	备注
1	1. 检查人员是否满足施工要求，尤其特殊工种、技术负责人、安装负责人、安全质量负责人和技能人员等 2. 检查工器具、材料、施工方案是否满足施工要求	1. 工程材料、构配件、设备报审表 2. 人员资格报审表 3. 主要施工机械/工器具/安全用具报审表 4. 审查专项施工方案	
2	主变压器进站前召开主变压器就位专题会议，建设单位及运输单位共同核实进站道路是否满足要求，若不满足要求则由施工单位采取措施整改，并对运输单位进行安全技术交底	会议纪要	
3	土建交安内容： 1.接地引上线符合设计要求 2. 事故油池管道畅通 3. 就位前基础水平及中心线符合厂家及设计图纸要求，并核对设计图纸所标示的基础中心线与本体中心线有无偏差	交安记录	

检查人员、工器具是否满足施工要求

主变压器进站前召开主变压器就位专题会议

土建交安检查（复核基础中心线）

土建交安检查（复核基础标高）

（2）变压器本体就位检查。

序号	监理控制要点	监理成果文件	备注
1	变压器本体就位前核对本体铭牌参数应与设计说明书中所列的型号、规格是否相符，并对外管进行检查，应无明显的外部损坏等；特别注意（充气）变压器本体压力应为 0.01～0.03MPa	监理检查记录	
2	就位过程中应检查千斤顶受力点是否在指定位置，就位轨道是否稳固。就位过程中注意保护土建成品，如油池壁、主变压器基础等	监理检查记录	
3	变压器本体就位完成后，应由建设单位、监理单位、施工单位、制造商各方代表共同检查三维冲撞记录仪的冲撞记录值；变压器最大冲撞耐受值 3 个方向均应小于 3g 或厂家要求值	1. 旁站记录 2. 三维冲击仪记录	三维冲击仪记录表单应四方签名
4	主变压器本体就位完成后，为了防止过电压事故，应使用 25mm² 的接地线对变压器本体进行临时接地，且接地应牢固	监理检查记录	
5	主变压器附件安装前，应定期检查并记录（充气）变压器的气压情况，气压应为 0.01～0.03MPa	监理检查记录	

本体就位检查（检查千斤顶受力点是否在指定位置，轨道是否稳固）

本体就位检查（就位后中心线复测）

本体就位检查（变压器本体接地）

本体就位检查（见证三维冲击记录）

（3）变压器附件开箱检查。

序号	监理控制要点	监理成果文件	备注
1	1. 变压器附件到场后，应组织或参与对附件的开箱检查，检查主变压器附件与合同约定的型号、规格是否相符 2. 清点移交后，易损、防潮部件及专用工具应放置于室内保存 3. 存放在室外的设备应采取防潮、防倾倒措施	开箱检查记录	
2	1. 油罐摆放的场地应无积水，油罐底部需垫实，油罐接地应可靠，检查储油罐顶部的封盖及阀门是否密封良好 2. 现场配置足够的消防器材	监理检查记录	
3	见证主变压器本体及油罐中的油样取样送检	见证取样送检记录表	

见证主变压器本体及油罐中的油样取样

见证主变压器本体及油罐中油样送检

（4）变压器相关附件常规试验及送检。

序号	监理控制要点	监理成果文件	备注
1	见证施工单位对变压器下列附件进行送检：绕组及油温温度计、气体继电器、压力释放阀	见证取样送检记录表	
2	1. 检查套管介质损耗因数（简称介损）试验并测量套管电容 2. 检查套管升高座 TA 常规试验，合格后待用	1. 试品/试件试验报告报审表 2. 监理检查记录	详见 GB 50150—2016《电气装置安装工程 电气设备交接试验标准》

续表

检查套管升高座 TA 变比等常规试验	检查套管介质试验并测量套管电容

（5）变压器一、二次设备安装。

序号	监理控制要点	监理成果文件	备注
1	检查施工现场环境状况，一般应选在无尘土飞扬及其他污染的天气时进行，不应在空气相对湿度超过 80%的气候条件下进行。现场应放置温湿计	监理检查记录	
2	施工单位应对法兰表面及垫圈槽进行清洁，并全部更换新的密封垫圈	监理检查记录	
3	电流互感器的叠放顺序应符合设计要求，铭牌朝向油箱外侧，放气塞的位置应在升高座最高处	监理检查记录	
4	检查有载调压装置，手动操作机构调整有载调压分接开关的分接头，使两者的位置指示一致，转动部分应加上润滑脂	监理检查记录	
5	法兰对接面必须清洁无油，散热片需要进行密封试验后安装	监理检查记录	
6	1. 在安装储油柜前应对胶囊进行试漏试验，在胶囊内部施加一个 0.01~0.03MPa 的正压力，24h 内应无变化（排除温度影响因数） 2. 检查胶囊摆放位置是否正确	监理检查记录	
7	1. 内部检查人员在进箱作业前，确定油箱内空气的含氧量不低于 18% 2. 进入器身的工作人员必须穿戴专用工作服、鞋袜、帽，身上不得带入任何异物 3. 重点检查内部检查人员带入工具是否与带出一致	旁站记录	
8	检查变压器汇控柜安装、二次电缆敷设、电缆二次接线是否符合要求	监理检查记录	

续表

主变压器本体吊罩检查

套管引线安装

主变压器附件安装

主变压器控制柜二次接线

（6）变压器抽真空。

序号	监理控制要点	监理成果文件	备注
1	检查并记录真空度，当真空度达 133Pa 时，开始计算真空度保持时间，真空度保持时间一般为 24h（具体按厂家技术文件确定）	监理检查记录	

（7）变压器真空注油。

序号	监理控制要点	监理成果文件	备注
1	1. 检查注入油的温度，应高于器身温度，并且最低不得低于 10℃（一般为 60℃） 2. 注油的速度不宜大于 100L/min，注满油的时间应大于 6h	监理检查记录	
2	注油完成后，变压器本体真空状态应保持 4h 以上	监理检查记录	
3	督促施工单位在注油结束后对油箱、套管、升高座、气体继电器、散热器及气道等处多次排气，直至排尽气体为止	监理检查记录	

续表

| 检查注入油的温度、注油的速度 | 注油完成后，变压器本体真空状态应保持 4h 以上 |

（8）变压器热油循环。

序号	监理控制要点	监理成果文件	备注
1	在注油完成后，即可进行热油循环，油循环的方向应从滤油机到变压器顶部，再从变压器底部到滤油机。220kV 级热油循环时间不少于 48h，500kV 级及以上热油循环时间不少于 72h	监理检查记录	

（9）变压器整体密封试验。

序号	监理控制要点	监理成果文件	备注
1	整体密封性试验：向主变压器中充入干燥空气（氮气），并加压至 0.03MPa，24h 后检查压力是否有大幅度变化，检查是否有漏油现象	监理检查记录	

| 整体密封性试验，加压至 0.03MPa | 整体密封性试验，检查是否有漏油现象 |

（10）变压器静置。

序号	监理控制要点	监理成果文件	备注
1	500kV 变压器停止热油循环后宜静置不少于72h（220kV 不少于 48h、110kV 不少于 24h），变压器静置后，应打开气塞放气	监理检查记录	
2	见证主变压器油样送检	见证取样送检记录表	

（11）变压器交接试验。

序号	监理控制要点	监理成果文件	备注
1	主要试验项目（绕组直流电阻、分接头电压比、绝缘电阻、吸收比或极化指数、绕组介质损耗因数、局部放电、绕组变形试验、耐压试验等）应满足有关标准和技术合同的要求	试品/试件试验报告报审表	详见 GB 50150—2016《电气装置安装工程 电气设备交接试验标准》

见证主变压器常规试验	旁站主变压器耐压试验

（12）完工检查。

序号	监理控制要点	监理成果文件	备注
1	耐压试验完成，经 24h 静置后，即可见证绝缘油取样送检，并对变压器进行补漆、油位调整，清理现场	1. 试品/试件试验报告报审表 2. 见证取样送检记录表	

4　安全风险控制要点

（1）充氮变压器未经确认充分排氮前，任何人不准进入变压器，并且要远离排气口处。

（2）进入变压器内部检查时，内部含氧量应大于 18%。进入变压器内部检查时，内部检查人员必须穿着专用工作服，并事先对所用工器具进行详细检查、登记，工作结束后按数收回，防止遗留在器身内。通风和照明必须良好，安全照明电压为12V。

（3）使用起重机进行吊装前，应由专人指挥检查车况是否良好，指挥信号必须清晰、准确。吊绳绑扎的位置要适当，防止起吊倾斜、翻倒，并拴好控制方向的控制绳，方能起吊。起吊过程中起吊物与非吊物间要保持一定距离，以免碰撞损坏设备、瓷件。

（4）油务处理区域内严禁吸烟，注意防火，配备适量合格的消防器材。

（5）设备进入运行变电站时，需要注意与带电设备的安全距离。主变压器就位过程中应检查运输单位的用电安全。

（6）督促施工单位收集残油，以免对环境造成污染。

5 常见问题分析及控制措施

序号	常见问题	主要原因分析	控制措施	备注
1	绝缘油渗漏	1. 法兰面螺栓紧固时受力不均匀 2. 密封圈变形 3. 焊缝有砂眼	1. 螺栓必须对称紧固 2. 更换密封圈 3. 厂家处理	
2	套管绝缘子表面有裂缝、损伤	1. 运输过程损坏 2. 安装过程损坏	1. 严格进行设备开箱检查 2. 加强吊装过程监护	
3	变压器本体接地不规范	没有执行规范、图纸的要求	1. 变压器本体应在不同位置分别有两个引向不同地点的水平接地体 2. 每根接地线的截面应满足设计的要求	
4	主变压器本体及散热片的油漆磨损	1. 运输途中磨损 2. 施工过程中损坏	补漆	
5	变压器油量不足	现场必须使用试验合格的新油对散热器进行冲洗，而厂家运输的油量不包括这部分油量	1. 以联系单或会议形式，与物流及厂家提前做好协调 2. 现场核实油量	
6	滤油未使用合适的滤油机	1. 未采用合适的滤油机 2. 滤油机使用不规范	严格审查施工方案中的施工工器具的型号规格，要求严格执行施工方案	
7	投运前油样不合格	1. 天气不符合注油条件 2. 静止时间不足 3. 其他原因，如散热器内油漆影响	1. 注油及进行主变压器内部检查时天气必须满足要求 2. 保证变压器注油后的静止时间	

6　质量问题及标准示范

木垫块脱出

设备螺栓紧固

道路未硬底化

采用厚钢板保证路面承载力满足要求

主变压器取油样方法不规范

主变压器取油样规范的方法

续表

主变压器铁芯与夹件未分别进行接地	主变压器铁芯与夹件分别进行接地

主变压器排油阀未设置弯头和安装闸阀	主变压器排油阀设置弯头并安装闸阀

第 2 章

保护、控制及直流设备安装

2.1 蓄电池组安装

编码：DQ-002

1 监理依据

序号	引用资料名称
1	GB 50150—2016《电气装置安装工程 电气设备交接试验标准》
2	GB 50169—2016《电气装置安装工程 接地装置施工及验收规范》
3	GB 50172—2012《电气装置安装工程 蓄电池施工及验收规范》
4	GB 50257—2014《电气装置安装工程 爆炸和火灾危险环境电气装置施工及验收规范》
5	GB/T 50319—2013《建设工程监理规范》
6	《中华人民共和国工程建设标准强制性条文：电力工程部分（2011 年版）》
7	DL/T 5434—2009《电力建设工程监理规范》
8	DL 5009.3—2013《电力建设安全工作规程 第 3 部分：变电站》
9	DL/T 596—1996《电力设备预防性试验规程》
10	工程设计图纸、厂家技术文件等技术文件

2 作业流程

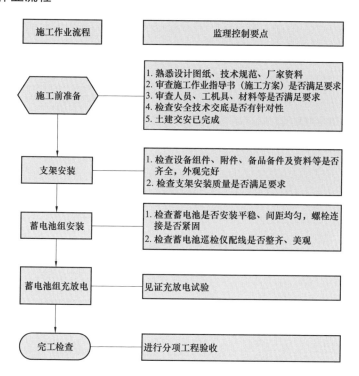

3 监理控制要点

（1）施工前准备。

序号	监理控制要点	监理成果文件	备注
1	检查施工作业指导书是否已编制完成	监理检查记录	
2	检查蓄电池室土建交安情况，包括蓄电池室灯具、空调等是否使用防爆类型，电线是否符合防爆要求，阳光能否直射到蓄电池组等	交安记录	

（2）支架安装。

序号	监理控制要点	监理成果文件	备注
1	检查支架所有部件、附件、备品备件的规格和型号是否正确、齐全	监理检查记录	
2	支架安装完成后，对照图纸复核支架安装方向是否一致，核对水平度、垂直度、牢固度是否满足要求。支架应可靠接地	监理检查记录	

（3）蓄电池组安装。

序号	监理控制要点	监理成果文件	备注
1	1. 检查蓄电池组件、附件的规格和型号是否正确、齐全 2. 安装前，应要求施工单位对每个蓄电池进行检查，有无起鼓、变形、损坏等情况，蓄电池搬运应轻拿轻放	开箱检查记录表	
2	1. 蓄电池组就位后，应检查是否放置平稳、方向正确、间距均匀 2. 检查螺栓及极板处螺栓连接是否紧固，其紧固值应符合规范要求	监理检查记录	GB 50172—2012《电气装置安装工程　蓄电池施工及验收规范》第 2.1.2 条规定接头连接部位应涂电力复合脂
3	所有连接完成后，检查极性及连接是否正确，同时测量蓄电池端电压	监理检查记录	

（4）蓄电池组充放电。

序号	监理控制要点	监理成果文件	备注
1	蓄电池进行浮充电时，浮充电压单只电池应为2.25～3V	见证记录	
2	蓄电池核容放电时，检查放电电压、放电电流、电池温度，复查单只电池电压不得低于1.8V	监理检查记录	

见证蓄电池组核容试验	复查单只电池电压不低于1.8V

（5）完工检查。

序号	监理控制要点	监理成果文件	备注
1	检查蓄电池组外观是否清洁，编号是否已完成，蓄电池组绝缘电阻是否符合要求，现场是否清理完成	1. 监理检查记录 2. 相关验评表	

4　安全风险控制要点

（1）检查连接使用的扳手等工具是否绝缘良好，以免触碰蓄电池引起短路。

（2）检查蓄电池开箱清点、搬运过程中是否轻拿、轻放。

（3）充放电后，应对蓄电池组增加安全标识，并将蓄电池室上锁。

（4）检查蓄电池室通风是否良好，蓄电池室灯具、线路等是否符合防爆要求，以免因蓄电池充放电过程中产生的氢气引起爆炸。

5 常见问题分析及控制措施

序号	常见问题	主要原因分析	控制措施	备注
1	蓄电池室内的灯具、线路等不符合防爆规范要求	1. 设计欠考虑,未满足防爆规范相关要求 2. 施工单位未按图纸进行施工	1. 审查图纸时,重点审查蓄电池室灯具及用电设备是否采用防爆型号;线路是否采用暗敷;设备开关是否装在室外 2. 对施工单位进行技术交底,使其熟悉规范要求 3. 施工过程中,检查施工单位是否按图纸施工	
2	爆炸	由于蓄电池内部故障导致氢气溢出,而室内通风不足	保持室内通风良好	

6 质量问题及标准示范

蓄电池间距太小不利于散热

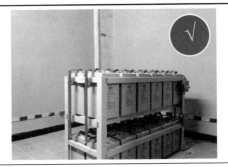

蓄电池间距符合要求(≥5mm)

2.2 屏柜安装及二次接线

编码:DQ–003

1 监理依据

序号	引用资料名称
1	GB 50150—2016《电气装置安装工程 电气设备交接试验标准》
2	GB 50171—2012《电气装置安装工程 盘、柜及二次回路接线施工及验收规范》
3	GB 50169—2016《电气装置安装工程 接地装置施工及验收规范》
4	GB/T 50319—2013《建设工程监理规范》
5	《中华人民共和国工程建设标准强制性条文:电力工程部分(2011 年版)》

续表

序号	引用资料名称
6	DL 5009.3—2013《电力建设安全工作规程　第 3 部分：变电站》
7	DL/T 5434—2009《电力建设工程监理规范》
8	DL/T 596—1996《电力设备预防性试验规程》
9	工程设计图纸、厂家技术文件等技术文件

2　作业流程

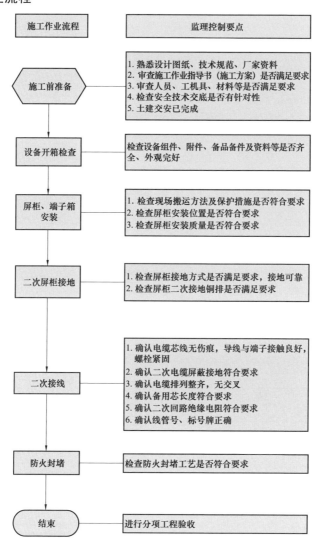

3 监理控制要点

（1）施工前准备。

序号	监理控制要点	监理成果文件	备注
1	审查施工方案是否符合现场条件，是否满足施工技术要求	＿＿＿报审、报验表	
2	1. 检查人员、机具报审手续是否齐全 2. 检查特种作业人员的证件是否合格有效 3. 检查人员配置是否满足工作需要	1. 主要施工机械/工器具/安全用具报审表 2. 人员资格报审表	
3	检查土建交付电气安装记录是否齐全，并满足安装条件	交安记录	

（2）设备开箱检查。

序号	监理控制要点	监理成果文件	备注
1	核查现场条件是否满足存放要求，要做好防尘、防潮、防盗措施	监理检查记录	
2	组织设备开箱检查，会同施工单位检查设备规格、型号、数量是否与设计图纸及到货清单一致，包装外观是否完好，备品备件是否齐全，制造厂提供的产品说明书、合格证件及安装图纸等技术文件是否齐全	设备开箱记录	

（3）屏柜、端子箱安装。

序号	监理控制要点	监理成果文件	备注
1	复核预埋基础槽钢的水平度和垂直度，误差应小于 1mm/m，全长不大于 5mm	监理检查记录	
2	复核基础槽钢与主地网可靠连接，搭接长度满足要求	监理检查记录	
3	屏柜安装过程中，注意检查以下要点： 1. 屏柜摆放平稳，位置正确，不得损坏屏（盘）面上的电气元件及漆层 2. 屏柜间无明显的空隙，横平竖直，屏面整齐，铁垫片不得超过 3 块 3. 屏柜不宜与基础型钢焊死，应使用螺栓或压板固定	监理检查记录	屏柜调整工作首先按图纸布置位置由第一列开始将第一面屏柜调整好，再以第一面为标准调整以后各块

续表

| 屏柜就位，开孔固定 | 检查屏柜位置偏差 |

（4）元器件安装。

序号	监理控制要点	监理成果文件	备注
1	检查元器件外观是否完好，型号、规格是否符合设计要求	监理检查记录	
2	检查发热元件的安装位置，宜安装在散热良好的地方；两个发热元件之间的连线应采用耐热导线或裸铜线套瓷管连接	监理检查记录	

（5）二次屏柜接地。

序号	监理控制要点	监理成果文件	备注
1	1. 检查屏柜与基础槽钢接地应导通良好 2. 装有电器可开启屏门应用软铜导线可靠接地	监理检查记录	
2	1. 二次地网检查：在主控室、保护室屏柜下层的电缆室内，按屏柜布置的方向敷设 100mm² 的专用铜排（缆），将该专用铜排（缆）首末端连接，形成保护室内的等电位接地网。保护室内的等电位接地网必须用至少 4 根以上截面面积不小于 50mm² 的铜排（缆）与厂、站的主接地网在电缆竖井处可靠连接 2. 控制屏柜保护接地检查：控制屏柜下部应设有截面面积不小于 100mm² 的接地铜排。装有静态保护装置接地端子应用截面面积不小于 4mm² 的多股铜线和该接地铜排相连	监理检查记录	

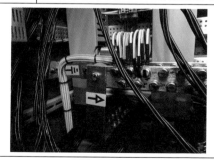

| 检查二次屏柜接地 | 检查二次屏柜接地 |

（6）二次接线

序号	监理控制要点	监理成果文件	备注
1	检查二次电缆头制作工艺，要求屏蔽层与接地线搪锡连接可靠，电缆头使用热缩套绝缘	监理检查记录	
2	抽查端子排接线需严格按设计图纸进行，不能随意更改	监理检查记录	
3	检查电缆排列是否整齐、顺直。芯线从线芯后部引向端子排，并弯成一个半圆弧，圆弧大小要一致美观，接线应牢靠。线束松紧适当、匀称，形式一致	监理检查记录	
4	检查电缆线芯的接线方式： 1. 对于螺栓式端子，弯圈的方向为顺时针，弯制线头的内径与紧固螺栓外径应相吻合，其弯曲的方向应与螺栓紧固的方向一致 2. 对于多股软铜芯线，要压接线鼻子才能接入端子，采用线鼻子应与芯线的规格、端子的接线方式及端子螺栓规格相配 3. 对插入式端子，可直接将剥除护套的芯线插入端子，并紧固螺栓 4. 确保电流回路截面面积不小于 2.5mm^2，其他回路不小于1.5mm^2	监理检查记录	
5	抽查端子螺栓的紧固情况，导线与端子接触良好。每一端子一侧最多接两根线芯且导线截面应一致	监理检查记录	
6	检查电缆标号牌及号码管内容是否满足运行要求，字体清晰，大小一致，排列整齐	监理检查记录	
7	检查备用芯长度，须高出端子排最上端位置，预留长度统一，确保满足后期改造需求	监理检查记录	
8	检查二次回路绝缘电阻是否符合规范，每一个二次回路绝缘电阻不小于1MΩ，小母线绝缘电阻不小于 10MΩ。二次回路的电气间隙和爬电距离满足要求	监理检查记录	
9	检查电缆接地，二次回路接地应设有专用接地铜排，电缆屏蔽层应按设计及反事故措施要求可靠接地	监理检查记录	
10	检查盘内二次线应无驳接	监理检查记录	

核对二次电缆接线

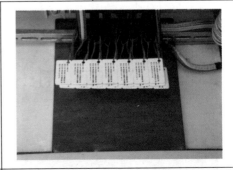

检查电缆标号牌满足要求排列整齐

（7）防火封堵。

序号	监理控制要点	监理成果文件	备注
1	参照监理工作手册（电缆敷设及防火封堵）	监理检查记录	

（8）结束。

序号	监理控制要点	监理成果文件	备注
1	施工完毕后用吸尘机清理设备灰尘，拆除临时接线，紧固二次回路螺栓	1. 监理检查记录 2. 相关验评表	

4 安全风险控制要点

（1）监理人员应督促施工单位编制专项实施方案，且审核通过后方可执行。在有运行屏柜区域，应在工作屏柜悬挂"在此工作"标示牌，屏内需用红布将运行部分与作业部分明显隔开，运行屏柜用"运行中"红布遮盖。

（2）在运行变电站中的查线工作，只允许打开各屏柜的后门，不得接触装置本体，尽量避免触动屏后接线，不得拆接二次回路接线，不得大力拉扯二次回路接线。

（3）拆接二次回路时应该逐一做好记录，在拆除带电回路时，应确认无交直流电压，先拆电源端，用万用表确认二次回路不带电后方可进行下一步工作。对环网供电或阶梯通电的交直流回路，必须确认所有电源来源，采取措施确保运行中设备的电源供应，将退运设备的所有电源拆除后方可进行下一步工作。

（4）需要拆除的电缆，电缆两头必须用万用表测量无交直流电压后再进行对线，确认是同一电缆的两侧后将所有电缆线芯用绝缘胶布缠绕，将整条电缆清理出电缆层或电缆沟。拆除电缆的方式应为整体拆除，严禁用电缆剪或其他工具从中间剪断电缆。电缆在移出电缆层或电缆沟时应尽量避免拖动运行电缆，不得用力过猛。

（5）凿穿电缆沟密封孔洞时应控制力度，避免伤及运行电缆。

（6）避免屏柜就位过程中对人员造成伤害，如在狭窄的作业场所搬运、校正、拼装屏柜的夹伤，未封堵的孔洞引起坠落受伤，前门玻璃破碎造成割伤等。回路绝缘电阻测试前，应告知全体人员需停止可能涉及的回路工作，安排专人监护，并在相关回路挂安全标示牌。测试完成后，试验人员对测试回路进行充分放电，防止触电伤害。

（7）要及时清理割剥下来的电缆保护层、麻丝、绝缘纸、线芯等，保持现场清洁，随时注意防火。

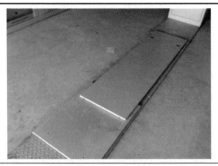

屏柜组立前孔洞做好临时封闭

屏柜组立后孔洞封闭一致

5 常见问题分析及控制措施

序号	常见问题	主要原因分析	控制措施	备注
1	室外端子箱内部生锈严重、发霉，形成水珠	1. 箱门缺少密封胶圈或箱门与胶圈按压不牢，雨水渗入箱内 2. 端子箱底部孔洞封堵工艺差，潮气从底部进入 3. 发热元件没有启动	1. 检查端子箱箱门密封胶圈是否齐全，有无老化，密封胶圈表面是否有框按压痕迹 2. 检查孔洞封堵工艺是否满足要求，不能有缝隙 3. 检查发热元件内部接线不得有误	
2	发热元件烧断电源线	1. 电源线与发热元件距离小于 2mm，导致高温烧断电源线 2. 电源接线方向错误 3. 没有采用耐高温电源线	1. 检查电源线与发热元件距离，确保不直接接触。导线应在发热元件下方 2. 检查电源线是否为高温电源线或采用裸铜线套瓷管连接	
3	电缆绝缘和线芯受损	1. 电缆割剥时用力不当，未采取防范措施 2. 拉直线芯用力不当	1. 检查施工过程，割剥电缆时要放平、垫实，线下放木板，割剥电缆时应注意不得损伤绝缘及线芯 2. 检查施工过程，应缓慢拉直电缆线芯，严禁用力过大拉断、损伤电缆芯	
4	屏柜单独或成列安装时，其垂直度、水平度、柜间偏差及接缝等超出允许范围	1. 土建施工的基础槽钢的水平度和垂直度超出允许偏差值 2. 未对屏柜进行精密调整	1. 加强土建施工检查，做好交接验收工作 2. 检查施工过程，应使用线垂、水平尺进行精调，必要时加垫片。调整应从第一面屏柜开始往后调	

续表

序号	常见问题	主要原因分析	控制措施	备注
5	屏柜接地铜排安装错误	1. 未正确区分保护接地和工作接地。保护接地不与柜体绝缘，工作接地应加装绝缘子与柜体绝缘 2. 接地用铜导线线径不足，每根接地铜排均须通过截面面积不小于 $50mm^2$ 的铜导线与变电站主地网可靠连接	1. 加强设备检查。通知业主、物流，由厂家现场整改或厂家提供元件由施工单位整改 2. 静电地板施工前，检查接地铜排的施工情况	
6	调试过程中，设备信号错误或不动作等	1. 放线时，电缆走向错误 2. 接线时，电缆芯线两端编号不一致，未进行对线 3. 厂家内部接线错误等 4. 施工图纸错误	1. 检查施工过程，应合理安排电缆敷设顺序，敷设前做好清晰的临时走向标示 2. 检查施工过程，接线时认真核对施工图纸和芯线编号 3. 告知业主，由厂家修改内部接线 4. 加强图纸会审。施工过程发现问题及时通知设计核实	
7	二次接线不美观	1. 接线前未考虑整个屏柜内部的电缆走向 2. 线芯弯曲工艺不美观，线芯不直	1. 检查施工过程，提前考虑电缆走向 2. 接线前，要求施工单位对作业人员的工艺进行考核，或形成施工工艺样板	

6 质量问题及标准示范

电缆未做保护，随意踩踏

电缆上屏后做好电缆保护

备用芯未套保护帽

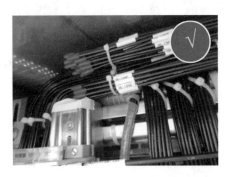

备用芯套保护帽

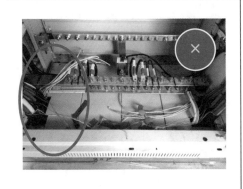

进线孔边缘未做好防护措施

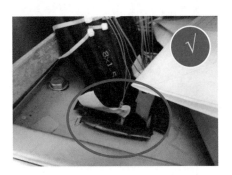

进线孔边缘做好防护措施

第 3 章

配电装置安装

3.1 断路器安装

编码：DQ-004

1 监理依据

序号	引用资料名称
1	GB 50147—2010《电气装置安装工程 高压电器施工及验收规范》
2	GB 50150—2016《电气装置安装工程 电气设备交接试验标准》
3	GB 50169—2016《电气装置安装工程 接地装置施工及验收规范》
4	GB 50171—2012《电气装置安装工程 盘、柜及二次回路接线施工及验收规范》
5	GB/T 50319—2013《建设工程监理规范》
6	《中华人民共和国工程建设标准强制性条文：电力工程部分（2011 年版）》
7	DL 5009.3—2013《电力建设安全工作规程 第 3 部分：变电站》
8	DL/T 5434—2009《电力建设工程监理规范》
9	DL/T 596—1996《电力设备预防性试验规程》
10	工程设计图纸、厂家技术文件等技术文件

2 作业流程

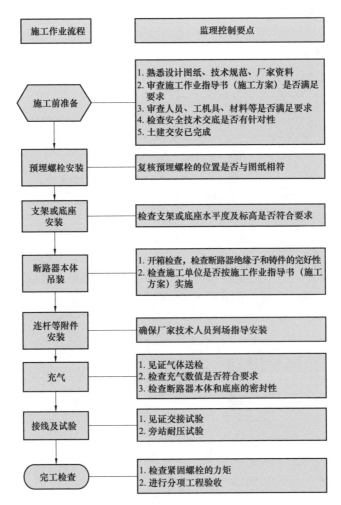

| 施工作业流程 | 监理控制要点 |

施工前准备
1. 熟悉设计图纸、技术规范、厂家资料
2. 审查施工作业指导书（施工方案）是否满足要求
3. 审查人员、工机具、材料等是否满足要求
4. 检查安全技术交底是否有针对性
5. 土建交安已完成

预埋螺栓安装
复核预埋螺栓的位置是否与图纸相符

支架或底座安装
检查支架或底座水平度及标高是否符合要求

断路器本体吊装
1. 开箱检查，检查断路器绝缘子和铸件的完好性
2. 检查施工单位是否按施工作业指导书（施工方案）实施

连杆等附件安装
确保厂家技术人员到场指导安装

充气
1. 见证气体送检
2. 检查充气数值是否符合要求
3. 检查断路器本体和底座的密封性

接线及试验
1. 见证交接试验
2. 旁站耐压试验

完工检查
1. 检查紧固螺栓的力矩
2. 进行分项工程验收

3 监理控制要点

（1）施工前准备

序号	监理控制要点	监理成果文件	备注
1	检查施工作业指导书是否已完成报审	____报审、报验表	
2	检查施工单位是否已报审施工机具、特种作业人员、材料及构配件，包括吊车、吊具、起重工、司索工和接地材料等	人员资格报审表 1. 工程材料、构配件、设备报审表 2. 主要施工机械/工器具/安全用具报审表	

续表

序号	监理控制要点	监理成果文件	备注
3	土建交安内容： 1. 设备接地引上线已完成 2. 检查基础中心距离、高度偏差是否满足要求	交安记录	

（2）预埋螺栓安装。

序号	监理控制要点	监理成果文件	备注
1	在预埋螺栓安装前，检查预留孔是否清洁干净	监理检查记录	
2	检查施工单位是否按图纸安装预埋螺栓，中心与标高是否满足要求	监理检查记录	
3	二次浇筑前，应检查是否已对预埋螺栓外露部分进行包裹，以免混凝土污染	监理检查记录	
4	二次浇筑时进行旁站，应复核混凝土标号是否与设计图纸一致，浇筑过程是否对混凝土充分振捣等	旁站记录	

（3）支架或底座安装。

序号	监理控制要点	监理成果文件	备注
1	安装支架或底座前，应复核混凝土强度是否满足设计要求	监理检查记录	
2	1. 复核支架、底座安装的水平度与标高是否满足要求，与基础间垫铁不能超过 3 片，总厚度应小于 10mm 2. 检查断路器支架是否采用双接地方式 3. 接地采用镀锌扁钢，扁钢弯曲采用冷弯，扁钢切割应用切割机，不能用气焊切割 4. 接地线焊接部分搭接长度应符合规范要求，并做好防锈处理	监理检查记录	

断路器支架吊装	断路器支架安装后垂直度检查

（4）断路器本体吊装。

序号	监理控制要点	监理成果文件	备注
1	组织设备开箱检查，会同施工单位检查设备规格、型号、数量是否与设计图纸及到货清单一致，包装外观是否完好，备品备件是否齐全，制造厂提供的产品说明书、试验记录、合格证件及安装图纸等技术文件是否齐全。检查其他内容如断路器绝缘子有无破损、断路器铸铁有无明显变形、起拱等	设备开箱记录	
2	对断路器吊装过程进行安全检查	安全检查记录	
3	核对断路器接线板方向是否与设计图纸一致	监理检查记录	
4	检查断路器是否接地良好	监理检查记录	
5	检查断路器接地线与支架或底座搭接合理，接触面严禁涂油漆，以免影响接地效果。接地线外露部分应涂黄绿相间的油漆	监理检查记录	

断路器开箱检查	断路器吊装

（5）连杆等附件安装。

序号	监理控制要点	监理成果文件	备注
1	应重点关注安装连杆等附件过程中的安全措施是否到位	监理检查记录	

（6）充气。

序号	监理控制要点	监理成果文件	备注
1	见证 SF_6 气体取样送检、微水试验，合格后方可充气	见证送检记录	
2	充气前，应检查充气设备及管道是否洁净无水分、无油污	监理检查记录	
3	应记录充气达到的压力值，一般高于额定气压0.02～0.03MPa的指针数	监理检查记录	
4	对每台断路器的气体压力值进行记录，并定期观察变化值	监理检查记录	

| 断路器充气 | 充气达到的压力值 |

（7）接线及试验。

序号	监理控制要点	监理成果文件	备注
1	应检查二次接线是否规范，标识是否清晰，防火封堵是否完善	监理检查记录	
2	见证断路器试验，内容包括气体检漏，微水测量，绝缘电阻，回路电阻，直流电阻，电容器试验，分、合闸的时间、速度，同期试验，气体密度继电器、压力表及压力动作阀的校验，耐压试验、操动机构特性试验等。将测量结果与出厂值进行对照，应符合标准	1. 监理检查记录 2. 调试/交接试验报告报审表	
3	检漏试验应在用塑胶薄膜包裹断路器本体 24h 后进行，试验结果符合要求	监理检查记录	
4	微水测量应在断路器充气 48h 后进行，测定结果应符合要求	监理检查记录	
5	分、合闸线圈的绝缘电阻值不应低于 $10M\Omega$	监理检查记录	
6	耐压试验按出厂试验电压的 80% 进行	旁站记录	
7	应复核断路器常规试验和高压试验的试验报告是否与规范及产品说明书一致	监理检查记录	

| 见证断路器微水试验 | 断路器气室检漏 |

（8）完工检查。

序号	监理控制要点	监理成果文件	备注
1	断路器安装完毕后，应检查断路器绝缘子是否清洁干净	监理检查记录	
2	检查连接螺栓是否已按要求调整好力矩，并用油性笔标记清晰。检查所有铁件是否有生锈情况	监理检查记录	
3	进行分项工程验收	相关验评表	
4	检查真空断路器与操动机构联动应正常、无卡阻，分、合闸指示应正确，辅助开关动作应准确、可靠	监理检查记录	

断路器操作开关验收

断路器标示齐全

4　安全风险控制要点

（1）吊装前，应检查吊车的摆放位置及稳定性；检查吊具是否合理，宜使用尼龙吊带。吊装区域应设置警示牌和警示带。

（2）吊装前，应检查起重工和司索工是否与报审人员一致。若在带电区域吊装，应对其进行带电设备交底，并注意与带电设备的安全距离。

（3）吊装前应进行试吊，对不符合要求的起重机具进行更换。

（4）在连杆等附件安装期间，应重点关注厂家安装过程中的安全措施是否到位。常见的安全隐患是踩踏物品不稳固。由于连杆等附件距离地面较高，使用梯子不便于安装作业，厂家一般会在脚下垫物品，若所垫物品不稳固极其容易发生危险。

（5）在耐压试验前，应检查划定的试验区域是否已做好安全围蔽措施，并在高压试验过程中要求施工单位安排足够多的监护人员，保证试验区域的通道口均有专人把守。应对耐压试验过程进行安全旁站，并填写旁站记录。

5　常见问题分析及控制措施

序号	常见问题	主要原因分析	控制措施	备注
1	设备支架构件、预埋螺栓等锈蚀	1. 未使用热镀锌构件及螺栓 2. 安装过程中，操作不当造成擦伤，未及时做防锈处理	1. 加强材料进场的验收，督促施工单位使用热镀锌构件或按设计要求进行防腐处理 2. 加强安装过程质量检查，做好交底，选择合适的吊装机具 3. 安装完毕巡视检查，督促施工单位及时对损伤部位做防锈处理	
2	接地体埋深、焊接搭接长度不足、防腐处理不规范	1. 施工人员不熟悉接地规范或为减少工作量不按照规范施工 2. 隐蔽验收不严格	1. 接地体安装前，对施工单位进行交底，要求严格按图施工，重点关注埋深、搭接长度 2. 施工过程中，应抽查接地体埋设深度是否符合设计要求；设计无要求时，埋深应不小于 0.6m（强条），并对防锈处理进行检查 3. 加强隐蔽工程验收，对存在问题要求立即整改	
3	设备和构架未双接地	1. 施工人员不熟悉接地规范或为减少工作量不按照规范施工 2. 图纸缺漏	1. 在审查施工图时，应认真核对是否已设计双接地 2. 开工前，对施工单位进行交底，提醒设备和构架应双接地，并分别与主地网两点接地 3. 在施工过程中，抽检双接地施工情况 4. 施工完毕，全面检查是否已实现双接地	
4	断路器基础边角损伤	1. 未对基础边角采取保护措施 2. 安装人员施工过程中碰撞损坏	1. 应做好技术交底工作，要求注意成品保护 2. 吊装过程中，督促施工单位注意吊装速度，以免发生碰撞	
5	高压断路器的操作机构分合闸线圈烧毁	1. 操作电压过高 2. 线圈绝缘老化 3. 铁芯卡死，使线圈长期通电而烧毁	1. 检查操作电压是否过高，如果过高则要求施工单位降低电压值 2. 检查辅助开关切换是否正常 3. 检查铁芯是否卡死	

6 质量问题及标准示范

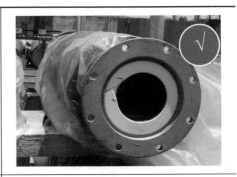

| 断路器传动机构齿轮断裂 | 断路器内部损坏 |

 **3.2** 隔离开关安装

编码：DQ–005

1 监理依据

序号	引用资料名称
1	GB 50147—2010《电气装置安装工程 高压电器施工及验收规范》
2	GB 50150—2016《电气装置安装工程 电气设备交接试验标准》
3	GB 50169—2016《电气装置安装工程 接地装置施工及验收规范》
4	GB 50171—2012《电气装置安装工程 盘、柜及二次回路接线施工及验收规范》
5	GB/T 50319—2013《建设工程监理规范》
6	《中华人民共和国工程建设标准强制性条文：电力工程部分（2011 年版）》
7	DL 5009.3—2013《电力建设安全工作规程 第 3 部分：变电站》
8	DL/T 5434—2009《电力建设工程监理规范》
9	DL/T 596—1996《电力设备预防性试验规程》
10	工程设计图纸、厂家技术文件等技术文件

2　作业流程

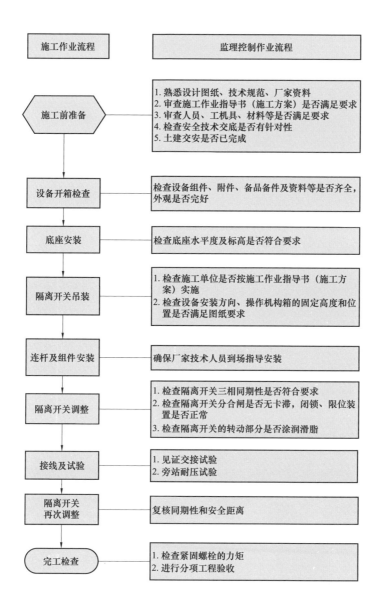

| 施工作业流程 | 监理控制作业流程 |

施工前准备
1. 熟悉设计图纸、技术规范、厂家资料
2. 审查施工作业指导书（施工方案）是否满足要求
3. 审查人员、工机具、材料等是否满足要求
4. 检查安全技术交底是否有针对性
5. 土建交安是否已完成

设备开箱检查
检查设备组件、附件、备品备件及资料等是否齐全，外观是否完好

底座安装
检查底座水平度及标高是否符合要求

隔离开关吊装
1. 检查施工单位是否按施工作业指导书（施工方案）实施
2. 检查设备安装方向、操作机构箱的固定高度和位置是否满足图纸要求

连杆及组件安装
确保厂家技术人员到场指导安装

隔离开关调整
1. 检查隔离开关三相同期性是否符合要求
2. 检查隔离开关分合闸是否无卡滞，闭锁、限位装置是否正常
3. 检查隔离开关的转动部分是否涂润滑脂

接线及试验
1. 见证交接试验
2. 旁站耐压试验

隔离开关再次调整
复核同期性和安全距离

完工检查
1. 检查紧固螺栓的力矩
2. 进行分项工程验收

3 监理控制要点

（1）施工前准备。

序号	监理控制要点	监理成果文件	备注
1	检查施工作业指导书是否已编制完成。检查施工方案是否已审批	___报审、报验表	
2	应复查施工单位是否已报审施工机具、特种作业人员、材料及构配件，是否包括吊车和吊具、起重工和司索工、接地材料等	1. 主要施工机械/工器具/安全用具报审表 2. 人员资格报审表 3. 工程材料、构配件、设备报审表	
3	土建交安内容： 1. 双接地引上线是否完成 2. 检查支柱中心距离偏差、高度偏差	监理检查记录	

（2）设备开箱检查。

序号	监理控制要点	监理成果文件	备注
1	组织或参与设备开箱检查，会同施工单位检查设备规格、型号、数量是否与设计图纸及到货清单一致，包装外观是否完好，备品备件是否齐全，制造厂提供的产品说明书、试验记录、合格证件及安装图纸等技术文件是否齐全	设备开箱检查记录	
2	检查隔离开关触头的镀银层有无脱落	监理检查记录	
3	将设备检查发现的问题填入设备开箱检查记录中，发出质量缺陷通知单，跟踪厂家处理情况	设备开箱检查记录	

| 组织或参与设备开箱检查 | 检查隔离开关触头镀银层是否脱落 |

（3）底座安装。

序号	监理控制要点	监理成果文件	备注
1	重点检查设备支架坐标、尺寸、强度、水平度、垂直度、焊接质量、接地和防腐油漆	监理检查记录	
2	应对照图纸检查使用槽钢的型号、尺寸，以及是否为热镀锌材料	监理检查记录	

检查设备支架安装情况	隔离开关底座安装

（4）隔离开关吊装。

序号	监理控制要点	监理成果文件	备注
1	吊装完成后，应检查单接地隔离开关方向位置、主隔离开关开合方向是否符合设计要求	监理检查记录	
2	检查操动机构箱的水平度，所有高度是否一致，并符合设计要求。重点检查主刀操动机构箱的支撑是否按图纸制作安装	监理检查记录	
3	检查均压环和屏蔽环外观是否无变形或开裂，安装是否平正、牢固，未偏斜	监理检查记录	
4	对垂直断口隔离开关，应检查静触头安装位置是否与隔离开关在同一直线上，制作静触头的方式是否与图纸一致	监理检查记录	
5	检查支柱抱箍是否使用镀锌材料，安装螺栓是否有平垫、弹垫，并露出 2 或 3 丝扣	监理检查记录	
6	检查隔离开关是否实现双接地；接地线焊接部分搭接长度是否符合规范要求，并涂防锈漆	监理检查记录	
7	检查接地线外露部分是否已涂有黄绿相间的油漆	监理检查记录	

隔离开关吊装安全检查	均压环和屏蔽环外观无凹扁和开裂

（5）连杆及组件安装。

序号	监理控制要点	监理成果文件	备注
1	连杆等附件安装一般由厂家指导安装。监理人员在此过程中应重点关注厂家安装过程中的安全措施是否到位	监理检查记录	
2	安装完成后，应检查所有转动部分是否已涂上润滑脂。检查触头是否涂上薄层中性凡士林，设备接线端子是否涂上薄层电力复合脂	监理检查记录	
3	检查传动杆是否按照图纸要求进行油漆标识	监理检查记录	

（6）隔离开关调整。

序号	监理控制要点	监理成果文件	备注
1	重点检查调整后的三相同期性是否满足要求	监理检查记录	
2	检查隔离开关在手动分、合闸中有无卡滞	监理检查记录	
3	检查闭锁装置是否正确，手动操作时应闭锁电动操作	监理检查记录	

（7）接线及试验。

序号	监理控制要点	监理成果文件	备注
1	二次接线可参考《屏柜安装及二次接线监理工作手册》	监理检查记录	
2	见证隔离开关二次接线的绝缘电阻、回路电阻、耐压试验；审查试验报告	1. 监理检查记录 2. 调试/交接试验报告报审表	

续表

操作机构箱二次接线

旁站设备耐压试验

（8）隔离开关再次调整。

序号	监理控制要点	监理成果文件	备注
1	水平断口隔离开关在完成设备连线安装后，由于牵引力作用，导致三相设备接线板扭曲，应重新复核三相同期性和三相安全距离	监理检查记录	
2	垂直断口隔离开关接电后，重新进行电动调整	监理检查记录	
3	检查分、合闸指示灯及辅助触点切换的正确性，并检查操动机构箱的密封性	监理检查记录	

（9）完工检查。

序号	监理控制要点	监理成果文件	备注
1	检查连接螺栓是否已按要求调整好力矩，并用油性笔标记清晰。检查所有铁件是否有生锈情况	监理检查记录	

4 安全风险控制要点

（1）吊装前，应检查吊车的摆放位置及稳定性；检查吊具是否合理。吊装区域应设置警示牌和警示带。

（2）吊装前，应检查起重工和司索工是否与报审人员一致。若在带电区域吊装，应对其进行带电设备交底。

（3）吊装前应进行试吊，对不符合要求的起重机具进行更换。

（4）应对隔离开关吊装过程进行安全检查，填写安全检查记录。

（5）检查高空作业人员是否携带工具袋，避免出现抛扔工具、材料等情况。

（6）扩建工程安装调整时，应重点检查是否已做好预防静电感应措施。

5 常见问题分析及控制措施

序号	常见问题	主要原因分析	控制措施	备注
1	设备支架构件、预埋螺栓等锈蚀	1. 未使用热镀锌构件 2. 安装过程不当造成擦伤，未及时防锈处理	1. 加强材料进场验收，督促施工单位使用热镀锌构件或按设计要求进行防腐处理 2. 加强安装过程质量检查，做好交底，选择合适的吊装机具 3. 安装完毕巡视检查，督促施工单位及时对损伤部位做防锈处理	
2	接地体埋深、焊接搭接长度不足，防腐处理不规范	1. 施工人员不熟悉接地规范或为减少工作量不按照规范施工 2. 隐蔽验收不严格	1. 接地体安装前，对施工单位进行及时交底，交底要按图施工，对埋深、搭接长度提出要求 2. 施工过程中，应抽查接地体埋设深度是否符合设计要求；设计无要求时，埋深不应小于 0.6m（强条），并对防锈处理进行检查 3. 加强隐蔽工程验收，发现不符合要求的拍照并下发监理通知单	
3	设备和设备构架未双接地	1. 施工人员不熟悉接地规范或为减少工作量不按照规范施工 2. 图纸缺漏	1. 在施工图审查时，认真核对是否已设计双接地 2. 开工前，对施工单位进行交底，提醒设备和构架应实现双接地，并分别与主地网两点接地 3. 过程中，抽检双接地施工情况 4. 施工完毕，全面检查是否已实现双接地	
4	抱箍使用材料不合格及缺零件	1. 未按图纸施工，使用热镀锌材料，使用平垫、弹垫 2. 螺栓长度不够	1. 开工前进行技术交底，明确提出材料的使用要求 2. 施工过程中进行巡视检查，重点检查是否使用热镀锌构件或按设计要求进行防腐处理；检查螺栓的安装是否缺少配件，安装是否规范。发现问题及时要求整改	
5	操作隔离开关动、静触头相互撞击或三相触头合闸不一致	厂家技术人员调整不当	1. 旋松静触头固定座上的螺栓，调整固定座的位置，使动触头刀片正好插入刀口 2. 调整交叉连杆的长度和操作绝缘子上的调节螺栓长度，使隔离开关动、静触头之间的距离符合技术规范的要求	

6 质量问题及标准示范

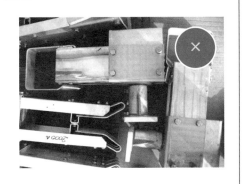

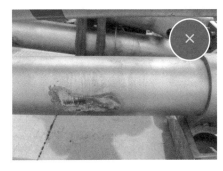

| 隔离开关触头有孔 | 隔离开关触头包装不牢固磨损严重 |

3.3 互感器安装

编码：DQ-006

1 监理依据

序号	引用资料名称
1	GB 50148—2010《电气装置安装工程　电力变压器、油浸电抗器、互感器施工及验收规范》
2	GB 50150—2016《电气装置安装工程　电气设备交接试验标准》
3	GB 50169—2016《电气装置安装工程　接地装置施工及验收规范》
4	GB 50171—2012《电气装置安装工程　盘、柜及二次回路接线施工及验收规范》
5	GB/T 50319—2013《建设工程监理规范》
6	《中华人民共和国工程建设标准强制性条文：电力工程部分（2011 年版）》
7	DL 5009.3—2013《电力建设安全工作规程　第 3 部分：变电站》
8	DL/T 5434—2009《电力建设工程监理规范》
9	DL/T 596—1996《电力设备预防性试验规程》
10	工程设计图纸、厂家技术文件等技术文件

2　作业流程

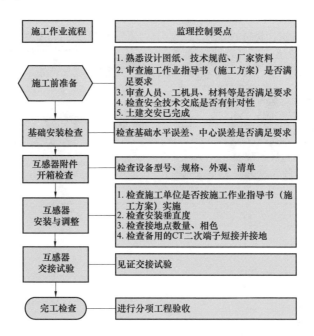

施工作业流程	监理控制要点
施工前准备	1. 熟悉设计图纸、技术规范、厂家资料 2. 审查施工作业指导书（施工方案）是否满足要求 3. 审查人员、工机具、材料等是否满足要求 4. 检查安全技术交底是否有针对性 5. 土建交安已完成
基础安装检查	检查基础水平误差、中心误差是否满足要求
互感器附件开箱检查	检查设备型号、规格、外观、清单
互感器安装与调整	1. 检查施工单位是否按施工作业指导书（施工方案）实施 2. 检查安装垂直度 3. 检查接地点数量、相色 4. 检查备用的CT二次端子短接并接地
互感器交接试验	见证交接试验
完工检查	进行分项工程验收

3　监理控制要点

（1）施工前准备。

序号	监理控制要点	监理成果文件	备注
1	检查人员满足施工要求，尤其管理人员及特殊工种的人员报审。检查工机具、材料是否齐全、施工方案是否已审批	1. 工程材料、构配件、设备报审表 2. 人员资格报审表 3. 主要施工机械/工器具/安全用具报审表	

（2）基础安装检查。

序号	监理控制要点	监理成果文件	备注
1	检查基础水平及中心线是否符合设计图纸及厂家要求，并注意设计图纸所标示的基础中心线与本体中心线偏差是否在允许范围内	交安记录	

续表

电压互感器到货验收	检查基座中心线

（3）互感器附件开箱检查。

序号	监理控制要点	监理成果文件	备注
1	互感器附件到场后，应组织或参与对互感器及附件开箱验收，检查互感器参数是否与合同规定的产品型号、规格相符。检查均压环有无变形、裂纹、毛刺。厂家资料应齐全	设备开箱检查记录	
2	SF$_6$式互感器，见证 SF$_6$气体取样送检	见证记录	

（4）互感器安装与调整。

序号	监理控制要点	监理成果文件	备注
1	检查互感器是否严格按出厂编号、顺序、标记进行叠装，避免各节元件相互混淆	相关验评表	
2	检查互感器的三相中心是否在同一直线上，铭牌和仪表是否位于易观察的同一侧，安装后检查互感器垂直度是否符合要求，同排设备是否在同一轴线，整齐美观，螺栓紧固	监理检查记录	
3	检查 SF$_6$式互感器的气体压力是否符合要求，气体继电器动作是否正确	相关验评表	
4	检查互感器均压环水平安装情况，不得倾斜，三相中心孔应保持一致。均压环应钻 ϕ6mm 滴水孔	监理检查记录	
5	检查互感器导线是否连接牢固，不得松动，引线弧度应一致，设备接线板不得产生应力	监理检查记录	
6	要求互感器进行两点接地连接，相色标示应正确	监理检查记录	
7	备用的电流互感器二次端子应短接并接地，电流互感器不能开路,电压互感器不能短路	监理检查记录	

续表

| 电流互感器吊装 | 均压环安装前检查 |

| 互感器软导线安装 | 互感器二次接线及槽盒安装 |

（5）互感器交接试验。

序号	监理控制要点	监理成果文件	备注
1	主要试验项目：绕组直流电阻、绝缘电阻及其吸收比或极化指数、互感器变比和极性、绕组介质损耗因数、介质损耗因数、耐压、角差比差等	调试/交接试验报告报审表	详见 GB 50150—2016《电气装置安装工程　电气设备交接试验标准》

| 互感器直流电阻测试试验 | 互感器试验 |

（6）完工检查。

序号	监理控制要点	监理成果文件	备注
1	1. 互感器安装完毕后，应检查互感器绝缘子是否清洁干净 2. 检查互感器是否双接地，接地线应涂上黄绿相间的油漆 3. 检查互感器一次接线是否受应力。使用力矩扳手检查设备线夹螺栓紧固程度是否满足要求 4. 进行分项工程验收	监理检查记录	

4　安全风险控制要点

（1）起重机起吊附件时，应检查车况是否良好，由专人指挥，指挥信号必须清晰、准确。吊绳绑扎的位置要适当，防止起吊倾斜、翻倒，并拴好控制方向的控制绳，方能起吊。起吊过程中要保持起吊物与非吊物间的距离，以免发生碰撞损坏设备、瓷件。起吊前，施工负责人核实设备重量是否在起重设备吊荷范围内，不得超负荷起吊。

（2）施工过程中产生的残余 SF_6 气体，用 SF_6 气体回收装置进行回收和处理。确保 SF_6 气瓶盖拧紧，严禁排放到大气中污染环境。

5　常见问题分析及控制措施

序号	常见问题	主要原因分析	控制措施	备注
1	本体或组部件等各位置渗漏	1. 法兰面螺栓紧固时受力不均匀 2. 未更换密封圈	1. 螺栓必须对称紧固 2. 更换密封圈	
2	套管瓷套表面有裂缝、损伤	1. 运输过程损坏 2. 安装过程碰撞损坏	1. 加强设备开箱检查 2. 安装过程，注意对瓷套的保护	
3	互感器本体接地不规范	未按图施工	1. 互感器应两点接地 2. 每根接地线的截面应满足设计的要求	
4	互感器没有按厂家编号安装	未仔细阅读厂家说明书	要求严格按厂家要求进行	
5	均压环及安保接线板氧化、有毛刺	施工人员责任心不强	及时清除均压环及安保接线板氧化和毛刺	
6	均压环未开滴水孔	施工人员责任心不强	要求进行开 $\phi 6mm$ 滴水孔	

6 质量问题及标准示范

电压互感器中性点未接地

电压互感器中性点通过消谐电阻器接地

零序互感器接地错误

正确的零序互感器接地方法

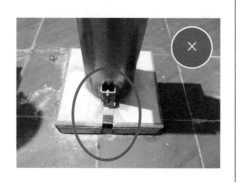

互感器只有一点接地

互感器采用两点接地

3.4 避雷器安装

编码：DQ–007

1 监理依据

序号	引用资料名称
1	GB 50147—2010《电气装置安装工程 高压电器施工及验收规范》
2	GB 50150—2016《电气装置安装工程 电气设备交接试验标准》
3	GB 50169—2016《电气装置安装工程 接地装置施工及验收规范》
4	GB 11032—2010《交流无间隙金属氧化物避雷器》
5	GB/T 50319—2013《建设工程监理规范》
6	《中华人民共和国工程建设标准强制性条文：电力工程部分（2011 年版）》
7	DL 5009.3—2013《电力建设安全工作规程 第 3 部分：变电站》
8	DL/T 5434—2009《电力建设工程监理规范》
9	DL/T 596—1996《电力设备预防性试验规程》
10	工程设计图纸、厂家技术文件等技术文件

2 作业流程

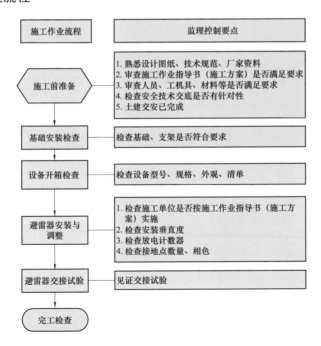

3 监理控制要点

（1）施工前准备。

序号	监理控制要点	监理成果文件	备注
1	熟悉设计图纸及设计要求		
2	检查施工方案、施工作业指导书是否已编制完成并与现场相符，并按照"四步法"开展差异化分析、风险辨析、安全施工作业票、站班会	1. 监理检查记录 2. ____方案报审表	
3	核查材料、金具、工机具、施工人员及特殊工种人员的报审是否与现场相符	1. 主要施工机械/工器具/安全用具报审表 2. 人员资格报审表 3. 工程材料、构配件、设备报审表	
4	检查施工单位是否对班组施工人员进行技术交底，并且交底内容符合施工的实际要求	监理检查记录	

（2）基础安装检查。

序号	监理控制要点	监理成果文件	备注
	根据设备到货的实际尺寸，核对土建基础是否符合要求。核查基础、构支架水平及中心线是否符合厂家及设计图纸要求	1. ____交付____交接验收报验表 2. 交安验收记录	注意设计图纸所标示的基础中心线与本体中心线有无偏差

（3）设备开箱检查。

序号	监理控制要点	监理成果文件	备注
1	组织或参加设备开箱检查，会同施工单位检查设备规格、型号、数量是否与设计图纸及到货清单一致，包装外观是否完好，备品备件是否齐全，制造厂提供的产品说明书、试验记录、合格证件及安装图纸等技术文件是否齐全	设备开箱记录	开箱时注意提醒施工方小心谨慎，避免损坏设备
2	避雷器开箱后检查瓷件外观是否光洁无裂纹，密封是否完好，附件是否齐全，无锈蚀或机械损伤现象。检查避雷器各节的连接是否紧密；金属接触的表面是否清除氧化层、污垢及异物，保持清洁。检查均压环有无变形、裂纹、毛刺，瓷套端部是否平整，均压带是否严密	开箱检查记录	不得随意拆开避雷器，破坏密封和破坏原件

续表

 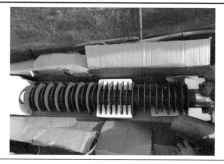

放电计数器开箱	避雷器开箱

（4）避雷器安装与调整。

序号	监理控制要点	监理成果文件	备注
1	检查避雷器的起吊绑扎点和位置。通过阅读厂家说明书检查施工是否采用正确的起吊方法	监理检查记录	起吊过程注意避免碰撞，吊索应固定在规定的吊环上
2	检查设备是否安装垂直，三相中心是否在同一直线上，相间中心距是否满足允许偏差；铭牌应位于易观察的同一侧	监理检查记录	若不垂直，必要时可在法兰面间垫金属片予以校正
3	避雷器由不可互换的多节基本元件组成，应注意检查施工是否按出厂编号、顺序、标记进行叠装，避免不同避雷器的各节元件相互混淆和同一避雷器的各节元件的位置颠倒、错乱	监理检查记录	
4	检查水平安装的均压环，不得倾斜，三相中心孔应保持一致。均压环在最低处宜打排水孔	监理检查记录	均压环具有保护间隙的，应按生产厂家规定调好距离并均匀一致
5	检查放电计数器是否密封良好，安装位置是否与图纸一致并便于运行单位观察。注意检查计数器三相记数指示是否数值相同，接地引线连接应可靠，引线宜为黑色	监理检查记录	注意检查计数器是否有破损或内部积水现象
6	检查避雷器的排气通道是否通畅，排气通道口不得朝向巡检通道，排出的气体不致引起相间或对地闪络，并不得喷及其他电气设备	监理检查记录	
7	检查避雷器的引线与母线、导线的接头，截面面积不得小于规定值，并登高检查上、下引线连接是否牢固，不得松动	监理检查记录	
8	安装后检查垂直度是否符合要求，检查螺栓是否紧固，是否按设计要求进行接地连接，相色标志是否正确	监理检查记录	注意避雷器安装用支架接地应有两点与接地网可靠连接

	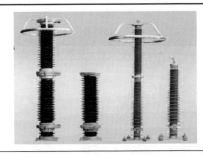
避雷器的起吊就位	避雷器由不可互换的多节基本元件组成，应注意检查施工是否按出厂编号、顺序、标记进行叠装

接线板安装	110kV 避雷器就位

放电计数器安装带倾斜角度	避雷器计数器接地线安装
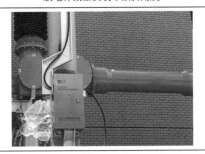	
避雷器绝缘在线监测单元安装	避雷器软导线安装（压接口涂防锈漆）

（5）避雷器交接试验。

序号	监理控制要点	监理成果文件	备注
1	见证交接试验，主要试验项目： 主绝缘、底座绝缘、直流参考电压、泄漏电流、工频参考电压、持续电流、工频放电电压、放电计数器的动作、电流表指示等，试验结果应满足有关标准和技术合同的要求	旁站记录	具体见 GB 50150—2016《电气装置安装工程 电气设备交接试验标准》

4　安全风险控制要点

（1）吊装前，应检查吊车的摆放位置及稳定性；检查吊具是否合理，应使用尼龙吊带。设备整体起吊时，吊索应固定在规定的吊环上，防止起吊倾斜、翻倒。吊装区域应设置警示牌和警示带。

（2）吊装前，应检查起重工和司索员是否与报审人员一致。若在带电区域吊装，应对其进行带电设备安全距离的交底。

（3）吊装前应进行试吊。

（4）应对避雷器吊装过程进行安全检查，填写安全监理检查记录表。起吊过程中要保持起吊物与非吊物间的距离，以免发生碰撞损坏设备、瓷件。

（5）检查高空作业人员是否携带工具袋，避免出现抛扔工具、材料等情况。

（6）扩建工程安装调整避雷器时，应重点检查是否已做好预防静电感应措施。

5　常见问题分析及控制措施

序号	常见问题	主要原因分析	控制措施	备注
1	设备或附件易出现机械损伤问题	在运输、装卸、保管、吊装过程中损坏	提醒运输、装卸、保管、吊装单位做好安全技术交底	
2	设备整体起吊时，吊索未固定在规定的吊环上	不清楚安装要求	要求严格按作业指导书及施工方案执行	
3	防爆膜损坏	运输或保管不善	检查防爆膜是否完好无损，发现破损后要求厂家或施工及时更换	
4	运输时用以保护避雷器防爆膜的防护罩忘记取下	不清楚产品安装要求	安装前将其取下，否则防爆膜起不到防爆作用。也有不用取下防护罩的设备，具体应按照产品技术文件进行安装和检查	

续表

序号	常见问题	主要原因分析	控制措施	备注
5	不同避雷器的各节元件相互混淆和同一避雷器的各节元件的位置颠倒、错乱	不熟悉安装要求	对不可互换的多节基本元件组成的避雷器，应注意检查施工是否按出厂编号、顺序进行叠装	注意清洁法兰对接面
6	均压环有划痕、毛刺	运输或保管不善	注意在开箱、安装前后进行检查，发现问题后要求厂家或施工及时处理	
7	均压环安装歪斜，方向不正确	施工负责人对安装工人交底不清，监理人员在事前提醒、过程巡视监督不足	1. 在事前检查施工单位是否对安装工人进行技术交底，并要求施工单位熟悉安装要求 2. 过程中加大巡视频率，发现问题及时要求施工整改	
8	均压环如设置排水孔，排水孔的位置未设置在最低处，不利于排水	不熟悉安装要求	做好事前预控，在施工前进行安装技术交底，过程中询问施工人员是否清楚安装要求，安装后进行检查	
9	金属接触面出现氧化层、污垢或异物	1. 运输或保管不善 2. 设备到货后没有保管好，未做好防雨和防潮措施	1. 检查接触面的洁净程度，发现问题后要求施工单位及时清洁 2. 做好设备的防潮和防雨措施	
10	引线端子、接地端子以及密封结构金属件上出现不正常变色和熔孔	未及时发现厂家质量问题	在开箱检查及验收过程中应细致检查	
11	放电计数器存在破损或内部积水现象	密封不良	在开箱检查及验收过程中注意细致检查	
12	放电计数器安装位置过高，不便于观察	1. 未熟读设计图纸 2. 安装前交底不清晰 3. 过程中监理未能发现问题	1. 熟读设计图纸，确认安装位置、高度，设计图纸不明确的，应要求设计明确 2. 督促施工单位对安装工人进行清晰、正确的交底 3. 提高监理人员掌握安装要求、发现问题的能力	
13	避雷器的引线截面面积小于规定值	1. 安装前交底不清晰 2. 过程中监理未能发现问题	1. 督促施工单位对安装工人进行清晰、正确的交底 2. 提高监理人员掌握安装要求、发现问题的能力	

序号	常见问题	主要原因分析	控制措施	备注
14	避雷器安装用支架接地只有一点与接地网连接	1. 安装前交底不清晰 2. 过程中监理未能发现问题	1. 注意避雷器安装用支架接地应有两点与接地网可靠连接 2. 督促施工单位对安装工人进行清晰、正确的交底 3. 提高监理人员掌握安装要求、发现问题的能力	

3.5 管型母线安装

编码：DQ-008

1 监理依据

序号	引用资料名称
1	GB 50149—2010《电气装置安装工程　母线装置施工及验收规范》
2	GB 50150—2016《电气装置安装工程　电气设备交接试验标准》
3	GB 50169—2016《电气装置安装工程　接地装置施工及验收规范》
4	GB/T 50319—2013《建设工程监理规范》
5	GB 50586—2010《铝母线焊接工程施工及验收规范》
6	《中华人民共和国工程建设标准强制性条文：电力工程部分（2011 年版）》
7	DL 5009.3—2013《电力建设安全工作规程　第 3 部分：变电站》
8	DL/T 5434—2009《电力建设工程监理规范》
9	DL/T 596—1996《电力设备预防性试验规程》
10	工程设计图纸、厂家技术文件等技术文件

2 作业流程

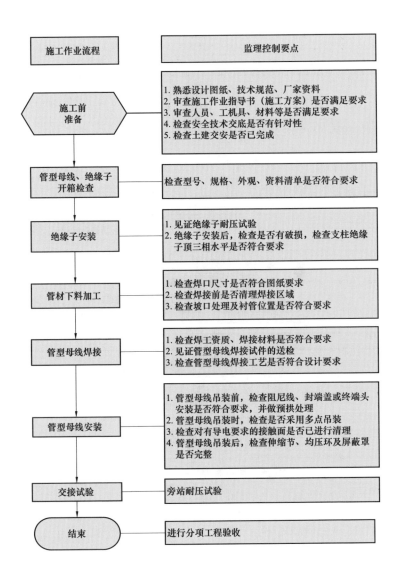

3 监理控制要点

（1）施工前准备。

序号	监理控制要点	监理成果文件	备注
1	熟悉设计图纸及设计要求，审核施工方案、材料、金具、工机具、施工人员及特殊工种人员的报审	1. 工程材料、构配件、设备报审表 2. 人员资格报审表 3. 主要施工机械/工器具/安全用具报审表	材料、金具的审核，主要核实铝合金管、焊条及安装金具等是否与设计一致，特殊工作人员的报审主要是氩弧焊工证、吊车司机证、指挥司索证、登高作业人员资格证
2	检查施工单位是否对施工人员进行技术交底，且交底内容是否符合施工的实际要求	监理检查记录	

管型母线到货检查	参加支柱绝缘子的开箱检查

管型母线内径检查	衬管外径检查

（2）管型母线绝缘子安装。

序号	监理控制要点	监理成果文件	备注
1	组织或参加绝缘子（支柱绝缘子、玻璃绝缘子）、金具的开箱检查，支柱绝缘子的瓷件外观应完整、无裂纹，瓷铁胶合处粘合牢固，玻璃绝缘子应光滑无毛刺	设备开箱记录	

序号	监理控制要点	监理成果文件	备注
2	检查绝缘子安装后是否有破损，安装是否整齐一致	监理检查记录	
3	见证绝缘子耐压试验（直流场和交流场试验标准不同）	调试/交接试验报告报审表	
4	检查支柱绝缘子是否有安装接地，接地安装是否整齐一致	监理检查记录	

管型母线支架槽钢安装	管型母线支柱绝缘子、金具安装

（3）管型母线加工。

序号	监理控制要点	监理成果文件	备注
1	对存在变形的管型母线，督促施工单位对管型母线进行校直处理	监理检查记录	
2	检查焊口尺寸、坡口加工等是否符合图纸要求（坡口角度一般为60°～75°）	监理检查记录	
3	检查焊前施工人员是否清除焊件中整个焊接区域的油、锈、污垢、氧化膜和其他杂质，直至露出光泽	监理检查记录	
4	检查坡口处理及衬管，坡口加工面应无毛刺、飞边。切断的管型母线的管口应该平整，且与轴线垂直	监理检查记录	

坡口加工（检查坡口处理及衬管，坡口加工面应无毛刺、飞边）	坡口间距测量

（4）管型母线的焊接。

序号	监理控制要点	监理成果文件	备注
1	检查焊工是否符合资格，并持证上岗（焊工要求是氩弧焊工证）	监理检查记录	每种型号管型母线取样两件，焊接完成后直接在管型母线上锯取
2	见证管型母线焊接试件的送检	1. 见证记录 2. 试件检验报告	
3	检查管型母线的固定情况，检查是否将管型母线放置在经过操平找正的焊接轨道支架上，两根管型母线之间的对口间隙为 3～5mm，衬管定位于焊口中央（用尺检查），然后进行管型母线中心线及水平方向的找正，确认找正后将加强孔先焊好作为固定	监理检查记录	
4	焊接时，检查管型母线的每个焊缝是否一次焊完，焊缝表面不应有凹陷、裂缝等缺陷，管型母线焊完未冷却前，不得移动或受力	监理检查记录	
5	检查焊后是否进行清理，焊缝是否光洁，且是否存放在多点支撑、操平找正的轨道上	监理检查记录	

管材下料

管型母线焊接

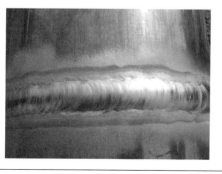

管型母线焊缝检查

管型母线焊缝高度测量

（5）管型母线安装。

序号	监理控制要点	监理成果文件	备注
1	管型母线吊装前，检查是否在每段管内穿入阻尼线并安装好封端盖或终端头，终端头是否油好相色漆，注意终端头及管型母线中间最低端的滴水孔是否向下	旁站记录	
2	在管型母线吊装时，对有导电要求的接触面，检查是否清理表面的氧化层、油污后才涂上薄层电力复合脂进行安装	监理检查记录	
3	检查管型母线吊装是否采用多点吊装，一般单跨可用两点吊装，两跨及以上采用三点吊装，检查核对吊点位置是否正确（具体按图纸和方案要求）	监理检查记录	
4	管型母线吊装时，检查施工单位是否在管母两端加缆风绳，以免管型母线与其他设备发生碰撞	监理检查记录	
5	管型母线安装后，检查伸缩节、均压环及屏蔽罩的外观是否完整、无裂纹	监理检查记录	
6	检查管型母线对接焊缝的部位距离支柱绝缘子母线夹板边缘是否不少于 50mm	监理检查记录	

管型母线端头阻尼线安装

终端头安装

管型母线搬运

终端头安装检查

续表

封端头组装图	管型母线吊装（多点吊装）

伸缩节外观检查	检查管型母线对接焊缝的部位距离支柱绝缘子母线夹板边缘应不少于 50mm

（6）交接试验。

序号	监理控制要点	监理成果文件	备注
1	检查施工单位是否按规范要求做管型母线交接试验（管型母线的交接试验项目应包括绝缘电阻测量、交流耐压试验），对耐压试验应进行旁站监理	1. 旁站记录 2. 调试/交接试验报告报审表	

管型母线交接试验（绝缘电阻测量）	管型母线交接试验（交流耐压试验）

（7）结束。

序号	监理控制要点	监理成果文件	备注
1	管型母线的安装、试验完成后，对管型母线安装工程进行验收，检查设备连接线是否按要求安装，检查管型母线、绝缘子等是否有外观缺陷	监理检查记录	

4 安全风险控制要点

（1）管型母线吊装施工时，监理人员应督促施工人员将吊装区域围蔽，并由符合资质的人员指挥吊车，两台或多台吊车同时起吊一段管型母线时，还应有统一指挥的人员，吊物及吊臂底下严禁站人。

（2）若在已运行的变电站或在吊车附近存在高压电，应检查施工人员是否将吊车接地，起吊时，注意保持吊车或吊物与带电设备间的安全距离。

（3）管型母线吊装时，检查施工单位是否在管型母线两端加缆风绳，避免管型母线与其他设备发生碰撞。

（4）管型母线焊接过程中，检查氩弧焊焊工是否佩戴安全护具，焊接部位冷却前，不可触碰，以免烫伤。

（5）对存在高空作业的施工区域，应加强巡视，禁止人员在施工面下方经过或停留。

5 常见问题分析及控制措施

序号	常见问题	主要原因分析	控制措施	备注
1	管型母线与衬管的间隙过大（规范要求小于等于0.5mm）	产品工艺质量不符合要求	管型母线进场时，应根据规范及图纸的要求对管型母线、衬管及金具的尺寸进行检查	

6 质量问题及标准示范

| 管型母线吊装时未作预拱 | 管型母线吊装时已作预拱 |

3.6 软导线安装

编码：DQ-009

1 监理依据

序号	引用资料名称
1	GB 50147—2010《电气装置安装工程　高压电器施工及验收规范》
2	GB 50149—2010《电气装置安装工程　母线装置施工及验收规范》
3	GB 50150—2016《电气装置安装工程　电气设备交接试验标准》
4	GB/T 50319—2013《建设工程监理规范》
5	《中华人民共和国工程建设标准强制性条文：电力工程部分（2011 年版）》
6	DL 5009.3—2013《电力建设安全工作规程　第 3 部分：变电站》
7	DL/T 5434—2009《电力建设工程监理规范》
8	DL/T 5285—2013《输变电工程架空导线及地线液压压接工艺规程》
9	DL/T 596—1996《电力设备预防性试验规程》
10	工程设计图纸、厂家技术文件等技术文件

2 作业流程

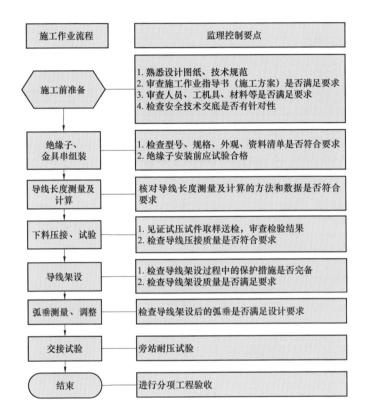

3 监理控制要点

（1）施工前准备。

序号	监理控制要点	监理成果文件	备注
1	审查施工主要工器具和仪器仪表的检验和准备情况，重点审查绞磨机、高空作业车、压接机、游标卡尺等工器具的型号、规格是否满足设备安装需要，并保证工器具在检验有效期内使用	1. 工程材料、构配件、设备报审表 2. 主要施工机械/工器具/安全用具报审表	
2	审查导线压接人员、登高作业人员等特种作业人员的证件，确认上述人员持有安全生产监督管理局颁发的特种作业操作证，且在有效期内	人员资格报审表	

（2）绝缘子、金具串组装。

序号	监理控制要点	监理成果文件	备注
1	1. 检查绝缘子和金具的质量，检查绝缘子和金具的型号、规格是否符合设计要求，在安装之前应进行耐压试验，耐压试验结果合格方可使用 2. 检查悬式绝缘子碗口是否一致，是否符合规范要求。检查绝缘子和金具的外观质量，确认金具表面无裂纹、光滑、无毛刺，绝缘子和金具组装前后均应保持清洁，且绝缘子试验合格	开箱检查记录	
2	检查绝缘子和金具的组装情况，核实绝缘子使用数量及绝缘子和金具的配对是否符合设计要求。检查防松螺母是否紧固，开口销是否张开，开口销不得有折断和裂纹，不可用线材代替	监理检查记录	

检查软母线进场规格及型号

检查金具进场规格及型号

检查绝缘子安装质量

检查绝缘子、金具串组装质量

（3）导线长度测量及计算。

序号	监理控制要点	监理成果文件	备注
1	确认绝缘子金具串测量点为两端挂件的内沿触点；精确计算每线下料长度，保证每串绝缘子金具串的长度，确保弧垂设定满足设计规定，三相弛度达到同一水平	监理检查记录	安全净距参照 GB 50149—2010《电气装置安装工程 母线装置施工及验收规范》表 2.1.13–1、表 2.1.13–2

（4）下料压接、试验。

序号	监理控制要点	监理成果文件	备注
1	见证导线试件取样送检，每种规格的导线取试件两件进行试压，试压件合格后方可正式施工	1. 见证取样送检记录表 2. 试品/试件试验报告报审表 3. 旁站记录	
2	检查导线质量情况，确认导线外观无明显污损、未见扭结、断股和明显松股。检查现场导线展放需要的支架、垫布，避免导线放线过程与地面摩擦	监理检查记录	
3	检查导线切割质量： 1. 检查切割前导线端头是否进行绑扎，防止切后散股 2. 检查切口端面是否整齐、无毛刺，与线股轴线垂直 3. 导线穿入管时，应沿铝股绞向旋入，注意不得使导线松股，再穿钢锚，沿钢芯绞向旋入	监理检查记录	
4	检查导线压接质量： 1. 核对钢模和被压管是否配套 2. 检查压接前导线和线夹压接面是否已用酒精清洗，长度不小于连接管 1.2 倍，清洗干净后在线夹内壁均匀涂抹电力复合脂 3. 检查线夹压接过程是否歪斜，导线插入线夹长度是否等于线夹内膛长度，压接自接线板一端开始，锉掉压后飞边，外露钢管的表面及压接口涂防锈漆处理 4. 压后六角形对边不超过 $0.866D+0.2\text{mm}$（D 为被压管外径），相邻两模间重叠不小于 5mm 5. 检查导线压接后，压接件上是否打钢印，检查导线压接头各面是否光滑、无毛刺	监理检查记录	

见证压接试件取样送检	导线端头绑扎

续表

压接前导线清洁	旁站导线压接

（5）导线架设。

序号	监理控制要点	监理成果文件	备注
1	检查导线架设过程中的保护措施，应防止架设过程中拖拉、损伤导线。检查登高作业人员是否正确使用安全带，施工现场应设专人监护，严禁在受力钢丝绳的内侧站人	监理检查记录	
2	检查导线架设和线夹螺栓安装情况，检查内容如下： 1. 导电接触面是否已清除氧化膜并涂有电力复合脂 2. 铜与铝搭接应检查是否有铜铝过渡板，铜端搪锡；钢与铜铝搭接，钢搭接面应搪锡 3. 贯穿螺栓连接的两侧均应有平垫圈，螺母侧应装有弹簧垫圈或锁紧螺母；螺母与设备线夹间应加铜质镀锌平垫圈，并有紧锁螺母，不得加弹簧垫圈 4. 螺栓紧固应使用力矩扳手且均匀受力 5. 紧固 U 形螺栓应两端均衡，不歪斜；紧固螺栓紧固后，螺栓长度除可调金具外，应露出螺母 2 或 3 扣	监理检查记录	力矩取值参照GB 50149—2010《电气装置安装工程 母线装置施工及验收规范》表2.3.2 钢制螺栓的紧固力矩值

导线安装紧固	耐张线架设弧垂一致、美观

（6）弧垂测量、调整。

序号	监理控制要点	监理成果文件	备注
1	1. 三相母线弛度一致，符合设计要求，相同布置的分支线应有同样的弯度和弛度 2. 分裂导线的子导线平行，弛度一致 3. 母线跳线和引下线安装后，应呈似悬链状自然下垂，且各相间下垂弧垂一致，满足设计要求	监理检查记录	

（7）结束。

序号	监理控制要点	监理成果文件	备注
1	旁站母线交流耐压试验，审查试验报告	1. 旁站记录 2. 调试/交接试验报告报验表	母线交流耐压试验一般不单独进行，与各电压等级的设备同步进行
2	督促施工单位及时填写质量验收评定记录，施工单位三级自检后监理预验收	质量验收评定记录	

4 安全风险控制要点

（1）导线架设过程中要设置牵引线、围栏警示牌和专人监护，避免因架设过程中导线脱落击伤人员和设备。

（2）监督登高作业人员正确使用安全带，使用双保险安全带，高挂低用。作业人员的支撑点和受力点应合理，避免单手搂扶、单手发力，严禁站在绝缘子上操作，应使用高空作业车或搭设脚手架施工平台。

（3）监督软母线引下线与设备连接前进行临时固定，防止其悬空摆动。

（4）督促临近带电母线的新母线接地，避免架设过程中的感应电。架设过程中设专人监护母线与带电设备的距离，确保满足该电压等级安全距离。

（5）导线架设过程中要注意绞磨机的使用，绞磨机应经检验合格，且维护监理检查记录齐全；现场使用设置稳固的地锚，作业人员应在作用力方向的侧方进行施工。

5 常见问题分析及控制措施

序号	常见问题	主要原因分析	控制措施	备注
1	导线松股、磨损	1. 切割前两端未绑扎 2. 导线被拖拉或踩踏	1. 导线切割前检查两端是否均绑扎 2. 从导线到场到架设全过程中，应监督施工单位做好导线的保护，避免与地面摩擦和不正常遭受应力 3. 若发现松股和严重磨损现象，应要求施工单位更换该根导线，不得使用	
2	导线架设长度不够或弧垂、弯度、扭转方向不一致、不美观	1. 导线长度测量和计算不准确 2. 导线夹压接时未选取合适的方向 3. 螺栓未调整到合适位置	1. 督促施工技术人员严格核对绝缘子金具串和档距的测量结果，检查导线长度公式是否使用正确 2. 检查线夹压接前的方向是否合理，保证三相方向基本一致。督促施工技术人员加强导线压接过程和成品的检查 3. 督促施工单位根据弧垂情况调整螺栓。经调整仍不能满足工艺要求时，必须更换该导线	
3	导线相间安全距离不足或与相邻设备安全距离不足	1. 导线长度测量和计算未考虑相间或与相邻设备的安全距离 2. 导线线夹压接未选合适的方向 3. 安装导线时未对线进行弯度调整	1. 导线安装工程开工前，核实现场可能出现的导线安全距离不足现象，督促施工单位在测量计算和导线压接时加以注意 2. 导线安装时检查与运行设备安全距离情况，若不满足，要求施工单位进行调整 3. 经调整未能满足安全距离要求时，必须更换该导线。若更换无效，需联系设计单位，共同确定解决方案	

6 质量问题及标准示范

软导线压接时地面未做防护措施

软导线摆放在彩条布上进行防护

续表

| 开口销未开口 | 绝缘子串吊装前未清洁干净 |

3.7 高压成套配电柜安装

编码：DQ-010

1 监理依据

序号	引用资料名称
1	GB 50147—2010《电气装置安装工程 高压电器施工及验收规范》
2	GB 50149—2010《电气装置安装工程 母线装置施工及验收规范》
3	GB 50150—2016《电气装置安装工程 电气设备交接试验标准》
4	GB 50169—2016《电气装置安装工程 接地装置施工及验收规范》
5	GB 50171—2012《电气装置安装工程 盘、柜及二次回路接线施工及验收规范》
6	GB/T 50319—2013《建设工程监理规范》
7	《中华人民共和国工程建设标准强制性条文：电力工程部分（2011年版）》
8	DL 5009.3—2013《电力建设安全工作规程 第3部分：变电站》
9	DL/T 5434—2009《电力建设工程监理规范》
10	DL/T 596—1996《电力设备预防性试验规程》
11	工程设计图纸、厂家技术文件等技术文件

2 作业流程

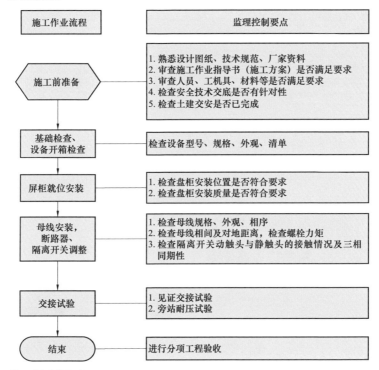

施工作业流程	监理控制要点
施工前准备	1. 熟悉设计图纸、技术规范、厂家资料 2. 审查施工作业指导书（施工方案）是否满足要求 3. 审查人员、工机具、材料等是否满足要求 4. 检查安全技术交底是否有针对性 5. 检查土建交安是否已完成
基础检查、设备开箱检查	检查设备型号、规格、外观、清单
屏柜就位安装	1. 检查盘柜安装位置是否符合要求 2. 检查盘柜安装质量是否符合要求
母线安装，断路器、隔离开关调整	1. 检查母线规格、外观、相序 2. 检查母线相间及对地距离，检查螺栓力矩 3. 检查隔离开关动触头与静触头的接触情况及三相同期性
交接试验	1. 见证交接试验 2. 旁站耐压试验
结束	进行分项工程验收

3 监理控制要点

（1）施工前准备。

序号	监理控制要点	监理成果文件	备注
1	审查施工方案是否符合现场条件，并满足施工技术要求	____报审、报验表	
2	检查施工工机具报审手续是否齐全，检查特种作业人员证件是否合格有效，吊车检测报告是否合格有效，检查人员配置是否满足工作需要	1. 主要施工机械/工器具/安全用具报审表 2. 人员资格报审表	

（2）基础检查、设备开箱检查。

序号	监理控制要点	监理成果文件	备注
1	1. 检查土建交安记录是否齐全，并满足安装条件，电缆进线预留孔洞是否满足安装要求 2. 检查基础槽钢安装的允许偏差不直度是否小于 1mm/m，水平度是否小于 1mm/m，基础槽钢全长不直度是否小于 5mm/m，水平度是否小于 5mm/m	交安记录	

序号	监理控制要点	监理成果文件	备注
2	组织设备开箱检查，核查现场是否满足存放条件，做好现场防雨、防潮、防盗措施，会同施工单位检查设备规格、型号、数量是否与设计图纸及到货清单一致，包装外观是否完好，备品备件是否齐全，制造厂提供的产品说明书、试验记录、合格证件及安装图纸等技术文件是否齐全	设备开箱记录	
3	检查基础槽钢与地网是否可靠连接、明显可见，并刷黄绿漆做标示	监理检查记录	

土建交安（检查电缆进线预留孔是否满足安装要求）

检查基础槽钢与地网是否可靠连接、明显可见，并刷黄绿漆做标示

（3）屏柜就位安装。

序号	监理控制要点	监理成果文件	备注
1	检查柜体安装位置是否与设计图纸一致	监理检查记录	
2	检查开关柜内设备规格及数量是否符合设计要求，安装工艺满足规范要求，重点检查带电设备距离满足规范要求		
3	检查柜体水平误差、盘面误差及柜间接缝等是否符合要求，垂直度小于 1.5mm/m，相邻两柜顶部小于 2mm，成列柜顶部小于 5mm，相邻两柜边小于 1mm，成列柜面小于 5mm	监理检查记录	

续表

| 设备就位 | 检查柜体的接地情况 |

（4）母线安装，断路器、隔离开关调整。

序号	监理控制要点	监理成果文件	备注
1	母线安装过程中，对以下要点进行重点检查： 1. 母线规格是否与设计图纸相符，外观是否完好，检查相序是否正确 2. 母线相间及对地距离是否满足规范要求 3. 使用力矩扳手抽查母线螺栓力矩是否满足规范及厂家技术要求，检查是否用油性笔标记 4. 母线搭接面是否平整、无氧化膜，镀银层不得锉磨，应涂有电力复合脂 5. 连接螺栓穿入方向为母线平置时由下向上，其余螺母均在维护侧。螺栓露扣长度为2或3扣 6. 固定金具或其他支持金具不应形成闭合磁路	监理检查记录	
2	主变压器低压侧封闭母线桥安装过程中，对以下要点进行重点检查： 1. 封闭母线桥的外壳及支撑结构的金属部分应可靠接地 2. 外壳封闭前，应进行隐蔽工程验收，并对母线进行清理 3. 主变压器低压侧处封闭母线桥应设置伸缩节	1. 隐蔽验收记录 2. 监理检查记录	封闭母线桥由生产厂家到现场实测尺寸，并在生产厂家制作好后再送往现场安装
3	穿墙套管安装过程中，对以下要点进行重点检查： 1. 同一平面或垂直面上的穿墙套管的顶面应位于同一平面上，其中心线位置应符合设计要求 2. 穿墙套管安装时，法兰应置于固定板户外侧 3. 穿墙套管固定于金属钢板上时，套管周围不应形成闭合回路	监理检查记录	

序号	监理控制要点	监理成果文件	备注
4	真空断路器重点检查项目： 1. 真空断路器、灭弧室是否外观无损伤裂纹，熔断器是否接触牢固 2. 触头是否洁净、光滑，镀银层完好，触头弹簧外观齐全无损伤，触头应涂中性凡士林 3. 手动合闸是否灵活、轻便，真空断路器与操动机构联动是否正确可靠、无卡阻，分、合闸位置指示器是否动作可靠、指示正确，手车是否推拉进出灵活，手车是否接地牢固、导通良好，辅助开关动作准确、可靠 4. "五防"闭锁功能良好	监理检查记录	断路器出厂前生产厂家已调整好，现场不允许施工单位自行解体断路器。若需调整，只能由生产厂家负责处理
5	隔离开关重点检查的项目： 1. 隔离开关外观是否清洁、无裂纹，触头表面镀银层是否完整无脱落，触头应涂中性凡士林 2. 隔离开关是否操作良好，无卡阻现象。三相同期性是否符合厂家要求，触头是否无偏心，触头与触指是否接触良好 3. "五防"闭锁功能是否良好		

 检查母线规格、外观、相序	 穿墙套管法兰应装于固定板户外侧，并设置伸缩节
螺栓露扣长度为2或3扣	抽查母线螺栓力矩

（5）交接试验。

序号	监理控制要点	监理成果文件	备注
1	旁站主回路工频耐压试验	1. 旁站记录 2. 监理检查记录	
2	见证电压互感器试验，包括绝缘电阻测试试验、直流电阻试验、极性试验、励磁特性试验、误差及变比测量试验、交流耐压试验等		
3	见证电流互感器试验，包括绝缘电阻测试试验、直流电阻试验、误差及变比测量试验、励磁特性试验、极性试验、交流耐压试验等	监理检查记录	
4	见证避雷器试验，包括绝缘电阻试验、直流参考电压和 0.75 倍直流参考电压下的泄漏电流、工频参考电压及持续电流，工频放电电压及放电计数器测试等	监理检查记录	
5	见证断路器试验，包括断路器绝缘电阻试验，导电回路电阻试验，测量分、合闸时间及同期性试验，测量合闸时弹跳时间试验，测量分、合闸线圈检查试验，操动机构试验，交流耐压试验等	监理检查记录	

见证断路器试验（特性试验）	见证断路器试验（耐压试验）

（6）结束。

序号	监理控制要点	监理成果文件	备注
1	对 2500A 及以上的开关，投入运行前，必须将绝缘筒顶部的防尘盖揭除，以利于开关在运行时的散热，确保开关的安全运行	监理检查记录	
2	督促施工单位全面清理柜内杂物，清理工作现场的工具	监理检查记录	
3	督促施工单位及时填写质量验收评定记录，施工单位三级自检后监理预验收	相关验评表格	

4　安全风险控制要点

（1）作业前，检查作业区域内孔洞的封堵、围蔽情况，确保作业区域周围的孔洞已被围蔽或封堵，且悬挂"当心坑洞"警示牌。

（2）开关柜的搬运需安排专人指挥，检查施工人员数量是否满足作业要求。搬运方法应能确保设备及人员安全。搬运施工前要求施工单位做好安全风险辨析与预控工作，配备相应的人员与器具，根据现场实际情况选用人力滚筒辅助搬运、手动液压叉车搬运、专用运输工具搬运等方式进行二次搬运作业。

（3）采用人力滚筒辅助搬运方式时，要求施工单位检查工器具的状况，检查地面是否坚固结实，无凹陷松软的地方，以确保在搬运屏柜时地面不出现严重下陷或变形；屏柜下方的滚筒的承压强度应满足设备运输要求，长度满足搬运安全要求。采用手动液压叉车搬运方式时，搬运过程中要求搬运人员扶好屏柜，防止屏柜翻倒。

（4）对于重心偏移一侧的盘柜，在未安装固定好之前，应检查是否已采取防倾倒措施。

（5）在进行耐压试验时，试验区域按规定设置安全围栏和标示牌等安全措施，并安排专人进行监护。

5　常见问题分析及控制措施

序号	常见问题	主要原因分析	控制措施	备注
1	柜门变形，无法关紧	厂家生产精度不足，误差大；柜门在安装过程中没有调整完毕	1. 在开箱检查时，详细检查开关柜外观 2. 安装过程中注意设备保护	
2	母线发热量大	母线连接螺栓力矩不满足规范要求；由于母线表面不平整导致母线有效载流面过小	1. 检查母线安装过程中是否按要求涂抹中性凡士林或电力复合脂 2. 要求母线接触面采用镀锡或镀银的方式处理，增加实际的电接触面积 3. 检查连接螺栓力矩是否符合规范要求，并做好力矩标记	
3	柜内母排热缩套破损	1. 开关柜母线穿孔有毛刺，母排安装时毛刺刮破母排热缩套 2. 没有对母排做好妥善保护	1. 母排安装前，检查穿孔是否有毛刺。若有毛刺，应要求施工单位使用锉刀磨平毛刺 2. 要求施工单位妥善保管母排。搬运过程防止破坏母线外护套	

续表

序号	常见问题	主要原因分析	控制措施	备注
4	基础槽钢尺寸与设备不匹配	1. 土建未按图纸施工 2. 厂家设备尺寸不符合合同或技术协议要求 3. 施工图纸有误或施工图纸与厂家图纸不符	做好图纸会审工作，核对土建、电气施工图纸，做好专业间交接	
5	母线相间、对地的安全距离不足	厂家设计考虑不足	在物资到货检查中，重点检查母线转弯部位、槽盒拼接部位、屏柜螺栓、母线螺栓等部位的安全距离，发现问题及时反馈要求厂家进行处理	
6	10kV 单芯电缆紧固件发热	10kV 单芯电缆采用铁质紧固件各自独立固定，运行过程中产生涡流发热	10kV 单芯电缆须使用非磁通材料固定	
7	断路器及地刀的分、合闸动作，推拉小车等操作不顺畅	厂家设备质量问题	及时通知厂家到现场处理	

6 质量问题及标准示范

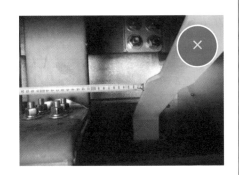

母线相间距离小于 125mm，不符合规范要求	安全距离大于 125mm，符合要求

3.8 矩形母线安装

编码：DQ-011

1 监理依据

序号	引用资料名称
1	GB 50147—2010《电气装置安装工程　高压电器施工及验收规范》
2	GB 50149—2010《电气装置安装工程　母线装置施工及验收规范》
3	GB 50150—2016《电气装置安装工程　电气设备交接试验标准》
4	GB/T 50319—2013《建设工程监理规范》
5	《中华人民共和国工程建设标准强制性条文：电力工程部分（2011 年版）》
6	DL 5009.3—2013《电力建设安全工作规程　第 3 部分：变电站》
7	DL/T 5434—2009《电力建设工程监理规范》
8	DL/T 5285—2013《输变电工程架空导线及地线液压压接工艺规程》
9	DL/T 596—1996《电力设备预防性试验规程》
10	工程设计图纸、厂家技术文件等技术文件

2 作业流程

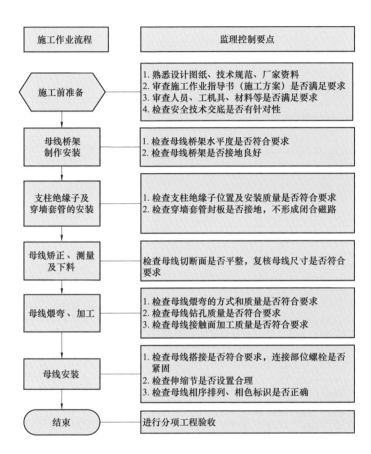

施工作业流程	监理控制要点
施工前准备	1. 熟悉设计图纸、技术规范、厂家资料 2. 审查施工作业指导书（施工方案）是否满足要求 3. 审查人员、工机具、材料等是否满足要求 4. 检查安全技术交底是否有针对性
母线桥架制作安装	1. 检查母线桥架水平度是否符合要求 2. 检查母线桥架是否接地良好
支柱绝缘子及穿墙套管的安装	1. 检查支柱绝缘子位置及安装质量是否符合要求 2. 检查穿墙套管封板是否接地，不形成闭合磁路
母线矫正、测量及下料	检查母线切断面是否平整，复核母线尺寸是否符合要求
母线煨弯、加工	1. 检查母线煨弯的方式和质量是否符合要求 2. 检查母线钻孔质量是否符合要求 3. 检查母线接触面加工质量是否符合要求
母线安装	1. 检查母线搭接是否符合要求，连接部位螺栓是否紧固 2. 检查伸缩节是否设置合理 3. 检查母线相序排列、相色标识是否正确
结束	进行分项工程验收

3 监理控制要点

（1）施工前准备。

序号	监理控制要点	监理成果文件	备注
1	审查主要工器具和仪器仪表的检验和准备情况，重点审查扭力扳手、弯排机、冲孔机的型号、规格是否满足设备安装需要，在检验有效期内使用	1. 主要施工机械/工器具/安全用具报审表 2. 主要测量计量器具/试验设备检验报审表	

（2）母线桥架制作安装。

序号	监理控制要点	监理成果文件	备注
1	确认桥架所用钢材的规格及尺寸是否符合设计和实际情况要求，母线材质是否满足设计要求；检查金属构架是否可靠接地；检查户外螺栓是否采用热镀锌材料	监理检查记录	
2	检查绝缘子位置是否基本平均分配，离母线接头的距离是否不小于 50mm，两绝缘子间隔是否不大于 1.2m，底座水平误差是否不大于 2mm。母线相间及对地安全净距是否符合规范要求		

（3）支柱绝缘子及穿墙套管的安装。

序号	监理控制要点	监理成果文件	备注
1	检查支柱绝缘子安装质量，安装要求如下： 1. 绝缘子外观完好 2. 螺栓齐全、紧固 3. 绝缘子安装后位于同一水平面上，直线段的支柱绝缘子的安装中心线应在同一直线上（中心误差不超过±0.5mm） 4. 绝缘子安全净距符合规范要求 5. 绝缘子接地可靠，接地线排列方向一致	监理检查记录	安全净距参照 GB 50149—2010《电气装置安装工程　母线装置施工及验收规范》表 2.1.13–1、表 2.1.13–2
2	检查穿墙套管的安装质量，确保安装孔径至少比套管直径大 5mm，且 1500A 以上套管周围不能形成闭合回路，套管板应按规定可靠接地，垂直安装法兰在上方，水平安装法兰在外侧	监理检查记录	

（4）母线矫正、测量及下料。

序号	监理控制要点	监理成果文件	备注
1	检查母线矫正后的质量，确认经矫正后的母线表面完好，满足更规范的要求	监理检查记录	
2	根据现场实测下料，切断面要求平整	监理检查记录	

（5）母线煨弯、加工。

序号	监理控制要点	监理成果文件	备注
1	确认母线煨弯的方式须为冷弯，且最小弯曲半径符合规范要求，确认弯曲处无裂纹或显著折皱。核实弯曲处距母线金具及母线搭接位置的距离不小于 50mm，多片母线的弯曲度应一致	监理检查记录	

续表

序号	监理控制要点	监理成果文件	备注
2	检查母线钻孔质量，确认钻孔孔径应不大于螺栓直径 1mm，母线搭接长度不小于母线宽度。检查钻孔后是否对毛刺打磨，以确保导线接触面平整、光滑	监理检查记录	
3	检查母线接触面的加工质量，要求接触面平整，无氧化膜，涂有电力复合脂。确认接触面处理满足： 1. 在室外或高温且潮湿的室内，以及特殊潮湿或有腐蚀性气体的室内，铜与铜的接触面必须镀锡 2. 钢与钢的接触面均应镀锡 3. 铜与铝在室外或特殊潮湿的室内应使用铜铝过渡板，铜面应镀锡 4. 经加工后，铜母线截面面积减少值不应超过厚截面面积的 3%，铝母线截面面积减少值不应超过厚截面面积的 5%。母线与母线、母线与分支线、母线与电器接线端子搭接时，其搭接面的处理应符合要求	监理检查记录	

母线加工

母线铜面镀锡

（6）母线安装。

序号	监理控制要点	监理成果文件	备注
1	检查母线安装质量，安装要求如下： 1. 连接螺栓均为热镀锌螺栓，螺栓连接的母线两外侧有平垫圈，相邻螺栓垫圈间有 3mm 以上净距，螺母侧装有弹簧垫圈或锁紧螺母，应由下往上贯穿，露出 2 或 3 扣 2. 母线与支持器间应无应力 3. 螺栓应受力均匀，不应使接线端子受到额外应力；母线的接触面应连接紧密，连接螺栓应采用力矩扳手紧固 4. 母线相序排列满足设计要求 5. 加热热缩套时控制好温度，使其表面收缩均匀、平滑	监理检查记录	力矩取值参照 GB 50149—2010《电气装置安装工程 母线装置施工及验收规范》表 2.3.2"钢制螺栓的紧固力矩值"

（7）刷漆。

序号	监理控制要点	监理成果文件	备注
1	检查母线相色标志，A、B、C三相分别为黄、绿、红，涂漆均匀，无起层、皱皮。检查接地线黄绿标示是否满足要求	监理检查记录	

（8）结束。

序号	监理控制要点	监理成果文件	备注
1	旁站母线交流耐压试验，审查试验报告	1. 旁站记录表 2. 调试/交接试验报告报验表	母线交流耐压试验一般不单独进行，与各电压等级的设备同步进行
2	督促施工单位及时填写质量验收评定记录，施工单位三级自检后监理预验收	相关验评表格	

4 安全风险控制要点

（1）监督登高作业人员是否正确使用安全带，使用双保险安全带、高挂低用。作业人员的支撑点和受力点应合理，避免单手搀扶、单手发力，严禁站在绝缘子上操作，宜使用吊车吊笼或搭设脚手架施工平台。

（2）监督登高作业人员使用工具袋，避免抛掷或高空传递，以免导致高空坠物。

（3）热缩套加热前应督促施工单位落实防火措施，清理场地内的易燃物品，按要求配置消防器材，运行变电站内办理动火作业票。加热热缩套过程中应督促施工人员做好监护，使用氧气瓶和乙炔瓶时要满足两瓶相距 5m、距明火 10m、蓝色氧气软管和红色乙炔软管合格等要求。

5 常见问题分析及控制措施

序号	常见问题	主要原因分析	控制措施	备注
1	穿墙套管封板或金属部位未接地	1. 设计图纸未标注接地要求 2. 施工人员未掌握接地要求	1. 图纸会审时关注穿墙套管封板或其他金属部位接地说明，要求设计明确 2. 督促施工单位在技术交底时关注接地要求 3. 对未接地处理的，要求施工单位从地网中引出接地线可靠接地	

续表

序号	常见问题	主要原因分析	控制措施	备注
2	母线相序排列有误	1. 设计图纸与厂家制作不符 2. 施工人员未按要求安装 3. 施工人员未核查母线相序	1. 硬母线到场后检查厂家图纸、现场实物与设计图纸是否相符 2. 现场监理人员监督施工人员按规范要求进行安装 3. 安装完后施工单位应对母线相序排列进行核查	
3	未处理母线钻孔的毛刺、飞边	1. 施工人员未按工艺要求及时锉掉毛刺、飞边 2. 施工人员安装前未对母线加工质量进行检查验收	1. 施工过程中督促施工人员及时对毛刺、飞边等缺陷进行处理 2. 母线加工完后施工单位应在自检合格后才能报监理验收	
4	母线对地及相间距离不满足要求	1. 由于设计原因及厂家制作不满足安全距离要求 2. 施工人员未按设计要求进行安装	1. 做好图纸会审工作，核对土建、电气施工图纸，做好专业间交接 2. 及时完成隐蔽验收记录	

第4章

封闭式组合电器安装

编码：DQ-012

1 监理依据

序号	引用资料名称
1	GB 50147—2010《电气装置安装工程　高压电器施工及验收规范》
2	GB 50150—2016《电气装置安装工程　电气设备交接试验标准》
3	GB 50169—2016《电气装置安装工程　接地装置施工及验收规范》
4	GB 50171—2012《电气装置安装工程　盘、柜及二次回路接线施工及验收规范》
5	GB/T 50319—2013《建设工程监理规范》
6	《中华人民共和国工程建设标准强制性条文：电力工程部分（2011 年版）》
7	DL 5009.3—2013《电力建设安全工作规程　第 3 部分：变电站》
8	DL/T 5434—2009《电力建设工程监理规范》
9	DL/T 555—2004《气体绝缘金属封闭开关设备现场耐压及绝缘试验导则》
10	DL/T 595—2016《六氟化硫电气设备气体监督导则》
11	DL/T 596—1996《电力设备预防性试验规程》
12	DL/T 618—2011《气体绝缘金属封闭开关设备现场交接试验规程》
13	工程设计图纸、厂家技术文件等技术文件

2 作业流程

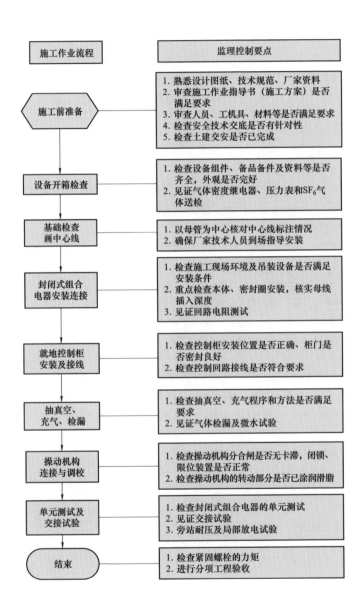

施工作业流程	监理控制要点
施工前准备	1. 熟悉设计图纸、技术规范、厂家资料 2. 审查施工作业指导书（施工方案）是否满足要求 3. 审查人员、工机具、材料等是否满足要求 4. 检查安全技术交底是否有针对性 5. 检查土建交安是否已完成
设备开箱检查	1. 检查设备组件、备品备件及资料等是否齐全，外观是否完好 2. 见证气体密度继电器、压力表和SF$_6$气体送检
基础检查画中心线	1. 以母管为中心核对中心线标注情况 2. 确保厂家技术人员到场指导安装
封闭式组合电器安装连接	1. 检查施工现场环境及吊装设备是否满足安装条件 2. 重点检查本体、密封圈安装，核实母线插入深度 3. 见证回路电阻测试
就地控制柜安装及接线	1. 检查控制柜安装位置是否正确，柜门是否密封良好 2. 检查控制回路接线是否符合要求
抽真空、充气、检漏	1. 检查抽真空、充气程序和方法是否满足要求 2. 见证气体检漏及微水试验
操动机构连接与调校	1. 检查操动机构分合闸是否无卡滞，闭锁、限位装置是否正常 2. 检查操动机构的转动部分是否已涂润滑脂
单元测试及交接试验	1. 检查封闭式组合电器的单元测试 2. 见证交接试验 3. 旁站耐压及局部放电试验
结束	1. 检查紧固螺栓的力矩 2. 进行分项工程验收

3　监理控制要点

（1）施工前准备。

序号	监理控制要点	监理成果文件	备注
1	核对土建和电气封闭式组合电器基础图纸，确认两份图纸是否吻合，是否按图施工	图纸会审记录	
2	设备基础交安时要测量基础最大误差，应满足间隔间槽基础最大允许水平误差为±3mm，槽钢基础全长最大误差不超过±5mm	1.＿＿交付＿＿交接验收报验表 2. 交安验收记录	
3	核实现场接地引上线是否满足设备安装要求，确认各槽钢均已接地，预留供设备外壳接地和接地开关接地的引上线	监理检查记录	
4	审查主要工器具和仪器仪表检验和准备情况，重点审查吊车、SF_6微水检测仪、SF_6检测仪的型号、规格是否满足设备安装需要，在检验有效期内使用。室内行车必须经安全质量监督局验收合格	1. 主要施工机械/工器具/安全用具报审表 2. 主要测量计量器具/试验设备检验报审表	
5	对封闭式组合电器进场安装和试验的要求进行交底，主要包括安装和试验过程的质量和安全的注意事项	专项交底记录	

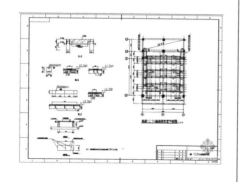

核对土建和电气基础部分的图纸

检查设备基础预埋件的位置

（2）设备开箱检查。

序号	监理控制要点	监理成果文件	备注
1	1. 组织设备开箱检查，会同施工单位检查设备的规格、型号、数量是否与设计图纸及到货清单一致，包装外观是否完好，备品备件是否齐全，制造厂提供的产品说明书、试验记录、合格证件及安装图纸等技术文件是否齐全 2. 确认设备外观无裂纹，绝缘件未受潮、变形、剥落及破损，元件的接线端子、插接件及载流部分光洁、无锈蚀，GIS（gas insulated metal enclosed switchgear and controlgear，气体绝缘金属封闭开关设备）本体内 SF_6 气体压力应为正值	设备开箱记录	
2	见证气体密度继电器、压力表和 SF_6 气体送检，审查检验报告是否合格	1. 见证记录 2. 检验报告报审表	见证 SF_6 气体送检做全分析试验比例： 每批气瓶数为 1 时，最少抽检 1 瓶。 每批气瓶数为 2～40 时，最少抽检 2 瓶。 每批气瓶数为 41～70 时，最少抽检 3 瓶。 每批气瓶数为 71 以上时，最少抽检 4 瓶。 见证记录上应记录送检气瓶的编号、厂家等信息

SF_6 气体密度继电器送检

SF_6 气体送检

（3）基础检查画中心线。

序号	监理控制要点	监理成果文件	备注
1	核对中心线标注情况，检查是否以母管的中心作为基准，是否各间隔均标出中心线	监理检查记录	
2	结合厂家设备图纸检查基础质量情况	监理检查记录	

测量核对中心线

核对 GIS 各间隔就位位置

（4）间隔单元设备安装连接、进出线套管安装、气管装配、回路电阻测试吸附剂更换、抽真空和充气、检漏、操动机构连接与调校。

序号	监理控制要点	监理成果文件	备注
1	检查场地防潮、防尘情况，要求安装过程中保持环境的清洁与干燥，无风沙、雨雪，检查温湿计，保证空气相对湿度小于80%	监理检查记录	
2	旁站封闭式组合电器本体安装，对母线安装、密封圈的安装进行重点检查，要求在厂家技术人员的参与和指导下完成，确认以下内容： 1. 法兰对接面光滑 2. 导电杆表面光滑、无毛刺 3. 安装双母双分段时从分段开关位置向两边安装，减少误差 4. 密封垫在对接前全部更换 5. 完整无缺的"O"形密封环用无水乙醇清洗干净，在"O"形密封环与密封槽靠外侧顶部接触处均匀涂抹硅胶，靠气体内侧不能涂密封胶 6. 对接过程无卡阻并保持水平 7. 母管驳接前做好受力支撑 8. 检查导电杆插入深度、方向、力度是否符合厂家要求 9. 内腔作业人员穿戴规范并在事后进行吸尘清理 10. 螺栓全部插入后按对角方向逐一拧紧 11. 更换吸附剂 12. 伸缩节压缩尺寸应符合厂家要求 13. 相序正确 14. 电压互感器的安装应在交流耐压试验后进行，避雷器的安装应在工频耐压后进行	1. 旁站记录 2. 监理检查记录	内腔作业充的干燥空气的含氧量需在 18% 以上

序号	监理控制要点	监理成果文件	备注
3	检查各元件、法兰连接处、连接螺栓等的跨接地线是否可靠、导通良好。检查组合电器设备本体的专用接地线是否单独与接地网相连，并且采用镀锡铜绞线连接，连接数不小于两处	监理检查记录	
4	1. 检查抽真空、充气和检漏的程序和方法，抽真空与充气应符合厂家要求的程序，抽真空至不低于 133.3Pa 后持续 4h，再抽 2h 后可充气。充气 8h 后，检查施工单位是否使用检漏仪检漏不报警或采取局部包扎法进行气体检漏 2. 检查 SF_6 泄漏情况是否符合规范要求	监理检查记录	
5	检查 GIS 设备就地控制箱的就位及安装，完成 GIS 控制电缆的敷设、接线，设备的调试等工作	监理检查记录	

检查施工场地防潮、防尘情况（自流坪已完成）　　检查施工场地防潮、防尘情况（通向室外的预留洞口、门口已封闭）

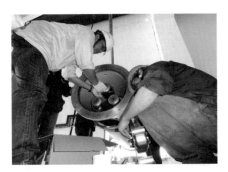

GIS 部件就位安装　　　　　　　　GIS 母线安装

续表

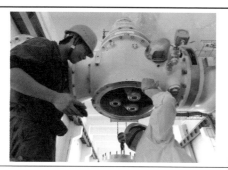

检查 GIS 内部是否清洁无异物

对 GIS 组件法兰表面进行清洗

SF_6 气体充注前微水试验

GIS 气室 SF_6 气体回收

（5）单元测试及交流耐压试验。

序号	监理控制要点	监理成果文件	备注
1	检查封闭式组合电器的单元测试： 1. 检查主回路电阻测量结果不应超过产品规定值的 1.2 倍 2. 检查 SF_6 气体微水测量在充气后 24h 后进行，有电弧分解的隔室不得大于 150μL/L（20℃），无电弧分解的隔室不得大于 250μL/L（20℃） 3. SF_6 泄漏检查后，要经常注意气体压力情况，对照标准压力表检查气体监控器的压力值 4. 检查 GIS（HGIS）断路器机构测试，分、合闸应满足要求，线圈绝缘电阻不应低于 10MΩ 5. 检查电流互感器的绝缘、极性和变比是否符合设计和出厂铭牌要求 6. 检查 GIS 中的断路器、隔离开关、接地开关及其操动机构的联动应正常、无卡阻现象；分、合闸指示应正确；辅助开关及电气闭锁应动作正常、可靠 7. 检查密度继电器的报警、闭锁值应符合规定，电气回路传动应正确	1. 监理检查记录 2. 调试/交接试验报告报验表	

序号	监理控制要点	监理成果文件	备注
2	旁站封闭式组合电器交流耐压试验及局部放电试验，确认试验电压值为出场试验电压的80%，试验过程未出现击穿现象，审查封闭式组合电器试验报告，应与现场试验结果相符，试验方式和数值填写准确	旁站记录	

GIS套管耐压试验	GIS耐压试验

（6）结束。

序号	监理控制要点	监理成果文件	备注
1	督促施工单位及时填写质量验收评定记录，施工单位三级自检后监理预验收	相关验评表格	

4 安全风险控制要点

（1）封闭式组合电器安装重点做好设备吊装的控制，核实吊车的性能参数是否满足设备吊装需要，防止以小代大。起重作业指挥人员应持证上岗，指挥清晰准确。设备起吊时要做好牵引控制，防止其摆动过大误伤人员或设备。

（2）检查SF_6气瓶的安全帽、防震圈是否齐全，不得与其他气瓶混放，搬运时应轻装轻卸，严禁抛掷溜放。

（3）SF_6气体充注过程要保证通风。

（4）GIS设备安装人员不得佩戴棉纱手套。

（5）施工过程中产生的残余SF_6气体，用SF_6气体回收装置进行回收和处理，确保SF_6气瓶盖拧紧，严禁气体排放到大气中污染环境。

5 常见问题分析及控制措施

序号	常见问题	主要原因分析	控制措施	备注
1	基础与设备不符，导致无法安装	1. 土建图纸与电气图纸不符 2. 施工图纸与厂家图纸和设备不符 3. 土建基础施工未按图纸施工	1. 做好图纸会审工作，核对土建、电气施工图纸，做好专业间的交接 2. 做好土建交安的验收工作	
2	SF$_6$气体泄漏	1. 密封圈（胶垫）未更换 2. 密封圈（胶垫）质量不合格 3. 法兰面有毛刺未处理 4. 密封胶涂抹不合格 5. 紧固螺栓方式不正确	1. 安装过程中监督施工单位按厂家要求更换密封圈 2. 更换密封圈时，要求施工单位认真检查密封圈是否有缺口等质量问题,确定合格后方可安装 3. 检查法兰面的毛刺是否全面清除 4. 督促施工单位密封胶按规范要求的部位均匀涂抹 1mm 厚 5. 检查施工单位是否对角线多次紧固螺栓 6. 检漏时若发现 SF$_6$ 泄漏，应督促施工单位及时查找泄漏点，抽真空后进行认真检查，针对导致泄漏的原因制定改进措施	
3	设备接地不满足规范、厂家的要求	1. 土建阶段未按施工图纸要求预留引上线 2. 施工图纸预留的引上线未能满足设备接地需要 3. 要求直接与主地网接地的引上线采取支线随意驳接使用	1. 图纸会审时，要重点关注设备引上线是否满足封闭式组合电气设备要求 2. 土建施工阶段监理人员要督促施工单位按施工图纸要求做好引上线的敷设 3. 确保接地的引上线与主地网可靠连接 4. 设备安装后发现接地不满足要求时，应督促施工单位按要求重新从主地网中引出足够数量的接地线	

6 质量问题及标准示范

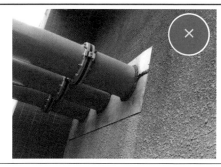

GIS 穿墙套管金属隔板未见接地

穿墙套管金属隔板接地完善

续表

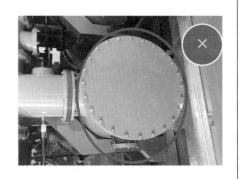	
GIS 母线没有相色标示	GIS 母线相色标示齐全

第 5 章

站用配电装置安装

编码：DQ–013

1 监理依据

序号	引用资料名称
1	GB 1094.11—2007《电力变压器　第 11 部分：干式变压器》
2	GB 50147—2010《电气装置安装工程　高压电器施工及验收规范》
3	GB 50148—2010《电气装置安装工程　电力变压器、油浸电抗器、互感器施工及验收规范》
4	GB 50150—2016《电气装置安装工程　电气设备交接试验标准》
5	GB 50169—2016《电气装置安装工程　接地装置施工及验收规范》
6	GB/T 50319—2013《建设工程监理规范》
7	《中华人民共和国工程建设标准强制性条文：电力工程部分（2011 年版）》
8	DL 5009.3—2013《电力建设安全工作规程　第 3 部分：变电站》
9	DL/T 5434—2009《电力建设工程监理规范》
10	DL/T 596—1996《电力设备预防性试验规程》
11	工程设计图纸、厂家技术文件等技术文件

2 作业流程

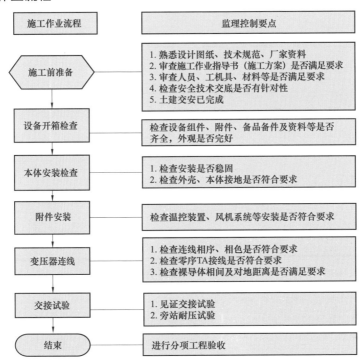

3 监理控制要点

（1）施工前准备。

序号	监理控制要点	监理成果文件	备注
1	审查施工方案是否符合现场条件，满足施工技术要求	____报审、报验表	
2	检查工器具报审手续是否齐全，检查特种作业人员证件是否有效，吊车检测报告是否有效，检查人员配置是否满足工作需要	1. 主要施工机械/工器具/安全用具报审表 2. 人员资格报审表	

（2）设备开箱检查。

序号	监理控制要点	监理成果文件	备注
1	组织设备开箱检查，会同业主单位、施工单位、制造商检查设备规格、型号、数量是否与设计图纸及到货清单一致，包装外观是否完好，备品备件是否齐全，制造厂提供的产品说明书、合格证件及安装图纸等技术文件是否齐全。重点检查变压器外观有无机械损伤、裂纹、变形等缺陷，油漆是否完好无损，高压、低压绝缘瓷件是否完整，无损伤、裂纹等	设备开箱记录	

（3）型钢基础安装。

序号	监理控制要点	监理成果文件	备注
1	检查型钢基础尺寸是否符合设计基础配制图的要求与规定	监理检查记录	
2	检查型钢基础构架与主地网连接是否不少于两个点	监理检查记录	

（4）本体安装检查。

序号	监理控制要点	监理成果文件	备注
1	检查本体就位过程，应确保设备安全，防止损坏外壳及顶部安装的套管	监理检查记录	
2	变压器固定应采用设计要求的连接方式，并固定可靠；检查箱体、底座、本体是否可靠接地	监理检查记录	

续表

站用变压器本体就位

母线安装

检查接地

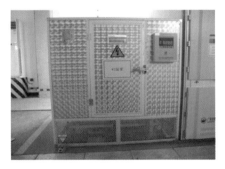

外罩安装

（5）附件安装。

序号	监理控制要点	监理成果文件	备注
1	检查温控装置动作是否可靠，指示是否正确；风机系统是否牢固，转向是否正确	监理检查记录	
2	检查油浸式变压器吸湿器与储油箱连接管的密封是否良好，管道是否通畅，吸湿剂是否干燥，油位是否正常	监理检查记录	
3	变压器电压切换装置各部分触点与绕组的连接线压接是否正确，且牢固可靠，其接触面接触是否紧密	监理检查记录	

续表

风机安装

温控器安装

感温探头安装

零序 TA 安装

（6）变压器连线。

序号	监理控制要点	监理成果文件	备注
1	检查导线相序是否正确，相色与相序应一致	监理检查记录	
2	检查零序 TA 接线是否正确，低压侧中性线 N 先应穿过零序 TA 再接地	监理检查记录	
3	变压器的一次、二次引线连接，不应使变压器的套管直接承受应力	监理检查记录	
4	检查导线连接螺栓是否紧固，支架安装是否牢固	监理检查记录	
5	变压器中性线在中性点处与保护接地线同接在一起，并应分别敷设，中性线宜用绝缘导线，保护地线宜采用黄、绿相间的双色绝缘导线	监理检查记录	

（7）交接试验。

序号	监理控制要点	监理成果文件	备注
1	测量绕组连同套管一起的直流电阻，检查所有分接头的变压比、三相变压器的联结组别标号、测量绕组同套管一起的绝缘电阻；旁站交流耐压试验，试验全部合格后方可使用	1. 调试/交接试验报告报验表 2. 旁站记录	

绝缘电阻测试	耐压试验

（8）结束。

序号	监理控制要点	监理成果文件	备注
1	施工完毕后，应进行全面清扫清洁	监理检查记录	

4 安全风险控制要点

（1）设备开箱应使用撬棒、手锤、凿子、螺丝刀等手动工具，不得将撬棒伸入箱内或穿过瓷件箱板开箱。

（2）起吊前，应督促施工单位核实设备重量是否在起重设备吊荷范围内，不得超负荷起吊，起重作业现场设置专人指挥，严禁吊臂及吊物下方站人。

（3）电焊机外壳及电动机具外壳应接地良好，需要移动时必须先断开电源，防止触电伤人。

（4）在二次屏柜调试施工阶段，站用变需接入临时电源试运行。应要求施工单位对作业人员进行安全技术交底，并要求在站用变上贴上"有电 危险"标示牌。

5 常见问题分析及控制措施

序号	常见问题	主要原因分析	控制措施	备注
1	站用变零序过流保护误动作	零序 TA 接线错误	检查零序 TA 接线，低压侧中性线 N 先穿过零序 TA 再接地	
2	测温装置温度显示数字异常	1. 测温装置或探头损坏 2. 进行变压器耐压试验后，测温探头未放置到位 3. 未按要求设置整定值	1. 由设备厂家处理 2. 耐压试验后检查探头位置是否到位 3. 核对整定值	
3	低压侧电压相位错误	1. 高压侧电缆头制作过程中，相位错误 2. 变压器高压侧或低压侧引线相位、相色错误	1. 加强电缆头制作过程检查力度 2. 设备安装后检查变压器引线的相色是否与电缆相色、绕组位置一致	
4	变压器绕组油漆受损或绝缘子、外壳等其他部位受损	1. 部分变压器不带外壳装箱运输，在装箱或运输过程对绕组油漆造成损伤 2. 在开箱或安装过程中对绕组油漆造成损伤 3. 外壳安装前受到外部撞击	1. 做好开箱过程检查，认真填写开箱检查记录。发现问题立即要求厂家进行处理 2. 变压器外壳安装前加强对设备的隔离保护，防止撞击、刮碰 3. 加强安装过程中对设备易损部位的保护	

6 质量问题及标准示范

 电缆卡箍未垫上胶片	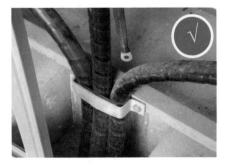 电缆卡箍垫上胶片

续表

螺栓长度不足	螺栓长度适中

感温探头未放置到位

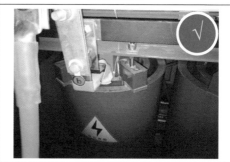

感温探头放置在厂家指定的位置

接地线未安装在专用接地点，接地位置有油漆

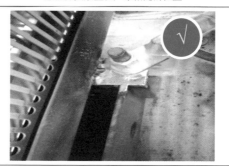

接地线安装在专用接地点

第 6 章

无功补偿装置安装

6.1 电抗器安装

编码：DQ–014

1 监理依据

序号	引用资料名称
1	GB 50147—2010《电气装置安装工程 高压电器施工及验收规范》
2	GB 50148—2010《电气装置安装工程 电力变压器、油浸电抗器、互感器施工及验收规范》
3	GB 50150—2016《电气装置安装工程 电气设备交接试验标准》
4	GB 50169—2016《电气装置安装工程 接地装置施工及验收规范》
5	GB 50171—2012《电气装置安装工程 盘、柜及二次回路接线施工及验收规范》
6	GB/T 50319—2013《建设工程监理规范》
7	《中华人民共和国工程建设标准强制性条文电力工程部分（2011 年版）》
8	DL 5009.3—2013《电力建设安全工作规程 第 3 部分：变电站》
9	DL/T 5434—2009《电力建设工程监理规范》
10	DL/T 596—1996《电力设备预防性试验规程》
11	工程设计图纸、厂家技术文件等技术文件

2 作业流程

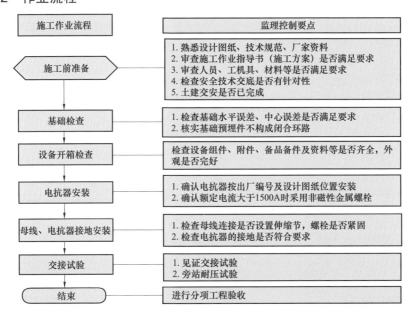

3 监理控制要点

（1）施工前准备。

序号	监理控制要点	监理成果文件	备注
1	审核施工方案、材料、金具、工机具、施工人员及特殊工种人员的报审	1. 工程材料、构配件、设备报审表 2. 人员资格报审表 3. 主要施工机械/工器具/安全用具报审表	
2	检查施工单位是否对施工人员进行技术交底，且交底内容是否符合施工的实际要求	监理检查记录	

（2）基础检查。

序号	监理控制要点	监理成果文件	备注
1	完成土建交安工作，督促施工单位根据电抗器到货的实际尺寸，核对土建基础是否符合要求	土建交安记录等	
2	检查确认电抗器下方基础的钢筋未构成闭合环路	监理检查记录	

（3）设备开箱检查。

序号	监理控制要点	监理成果文件	备注
1	监理组织开箱检查，检查产品的铭牌数据是否与设计图纸相符，出厂文件是否齐全；检查电抗器本体有无损伤、变形	设备开箱记录	

（4）设备安装。

序号	监理控制要点	监理成果文件	备注
1	督促施工单位按图纸中电抗器位置、尺寸要求进行安装或吊装	监理检查记录	
2	检查电抗器的母线压接应严密可靠，安装走向应正确美观，并保持足够的电气距离，电抗器侧应用不锈钢螺栓连接	监理检查记录	
3	搭接母线时，应对搭接面的油、污垢、氧化膜等杂质进行清理，不得锉磨镀银层，在搭接面涂电力复合脂（因部分业主单位未要求涂抹电力复合脂，应视具体情况而定）	监理检查记录	
4	检查电抗器的接地情况，接地装置焊接应符合要求，并且不能构成闭合环路	监理检查记录	

续表

序号	监理控制要点	监理成果文件	备注
5	电抗器重叠安装时，底层的支柱绝缘子底座均应接地，其余的支柱绝缘子不接地	监理检查记录	
6	抽查螺栓紧固是否符合要求	监理检查记录	
7	空心电抗器的围栏网门不应构成闭合环路	监理检查记录	

检查电抗器支架的安装

检查电抗器本体的就位

检查电抗器本体的安装

检查电抗器防雨罩的安装

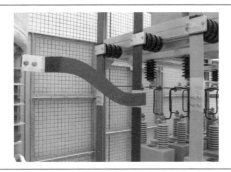

母线安装完毕，应对总体安装质量进行检查，并检查螺栓紧固情况

检查网门安装是否牢固，接地是否可靠

（5）交接试验。

序号	监理控制要点	监理成果文件	备注
1	检查施工单位是否按规范要求做电抗器交接试验（电抗器的交接试验项目，应包括绕组连同套管的直流电阻的测量，组连同套管的绝缘电阻、吸收比或极化指数的测量，绕组连同套管的交流耐压试验，额定电压下冲击合闸试验）。旁站耐压试验	1. 调试/交接试验报告报审表 2. 旁站记录	

（6）结束。

序号	监理控制要点	监理成果文件	备注
1	电抗器安装、试验完成后，对该分项工程进行验收，检查母排是否安装完毕，抽查螺栓是否紧固，检查接地是否完善，检查设备是否有外观缺陷等	监理检查记录	
2	施工完毕后，应进行全面清扫、清洁	监理检查记录	
3	督促施工单位及时填写质量验收评定记录，施工单位三级自检后监理预验收	相关验评表	

4　安全风险控制要点

（1）施工作业前，检查施工区域孔洞的封堵、围蔽情况（主要指施工区域的电缆沟），确保作业场所周围的孔洞已封堵或围蔽。

（2）电抗器吊装施工时，要求施工单位在吊装区域进行警示围蔽，并由符合资质的人员指挥吊车，吊物及吊臂底下严禁站人，若在已运行的变电站作业或在吊车附近存在高压电线，应检查吊车是否可靠接地。

（3）若发生二次搬运，应督促施工单位设置专人指挥和安全员监护，搬运过程应注意坑洞，做好对设备及对土建成品的保护，禁止野蛮施工。

5　常见问题分析及控制措施

序号	常见问题	主要原因分析	控制措施	备注
1	电抗器基础钢筋构成闭合环路	土建施工人员未掌握电气规范，在焊接电抗器基础槽钢时，误使钢筋构成闭合环路	1. 提前对土建施工人员进行交底 2. 加强槽钢焊接后的隐蔽验收工作	
2	电抗器底层支柱绝缘子接地构成闭合环路	施工人员错误施工	1. 在施工前对施工人员做好交底 2. 要求施工单位断开闭合环路	
3	硬母线搭接面不符合要求	硬母线搭接前施工人员未对搭接面进行清理	在母线搭接前检查母线的搭接面是否符合要求，或者在验收时抽检	

6 质量问题及标准示范

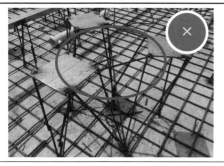

固定预埋件钢筋形成闭合回路	基础钢筋无闭合回路

6.2 电容器组安装

编码：DQ-015

1 监理依据

序号	引用资料名称
1	GB 50147—2010《电气装置安装工程 高压电器施工及验收规范》
2	GB 50150—2016《电气装置安装工程 电气设备交接试验标准》
3	GB 50169—2016《电气装置安装工程 接地装置施工及验收规范》
4	GB 50171—2012《电气装置安装工程 盘、柜及二次回路接线施工及验收规范》
5	GB/T 50319—2013《建设工程监理规范》
6	《中华人民共和国工程建设标准强制性条文：电力工程部分（2011 年版）》
7	DL 5009.3—2013《电力建设安全工作规程 第 3 部分：变电站》
8	DL/T 5434—2009《电力建设工程监理规范》
9	DL/T 1415—2015《高压并联电容器装置保护导则》
10	DL/T 1220—2013《串联电容器补偿装置 交接试验及验收规范》
11	DL/T 596—1996《电力设备预防性试验规程》
12	工程设计图纸、厂家技术文件等技术文件

2 作业流程

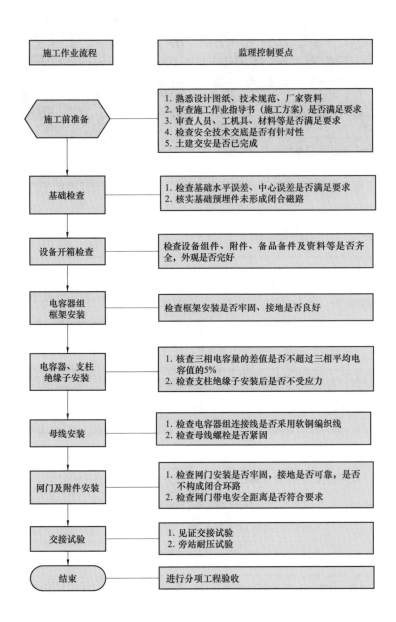

施工作业流程	监理控制要点
施工前准备	1. 熟悉设计图纸、技术规范、厂家资料 2. 审查施工作业指导书（施工方案）是否满足要求 3. 审查人员、工机具、材料等是否满足要求 4. 检查安全技术交底是否有针对性 5. 土建交安是否已完成
基础检查	1. 检查基础水平误差、中心误差是否满足要求 2. 核实基础预埋件未形成闭合磁路
设备开箱检查	检查设备组件、附件、备品备件及资料等是否齐全，外观是否完好
电容器组框架安装	检查框架安装是否牢固、接地是否良好
电容器、支柱绝缘子安装	1. 核查三相电容量的差值是否不超过三相平均电容值的5% 2. 检查支柱绝缘子安装后是否不受应力
母线安装	1. 检查电容器组连接线是否采用软铜编织线 2. 检查母线螺栓是否紧固
网门及附件安装	1. 检查网门安装是否牢固，接地是否可靠，是否不构成闭合环路 2. 检查网门带电安全距离是否符合要求
交接试验	1. 见证交接试验 2. 旁站耐压试验
结束	进行分项工程验收

3 监理控制要点

（1）施工前准备。

序号	监理控制要点	监理成果文件	备注
1	审核施工方案、材料、金具、工机具、施工人员及特殊工种人员的报审	1. 工程材料、构配件、设备报审表 2. 人员资格报审表 3. 主要施工机械/工器具/安全用具报审表	
2	检查施工单位是否对施工人员进行技术交底，且交底内容应符合施工的实际要求	监理检查记录	

（2）基础检查。

序号	监理控制要点	监理成果文件	备注
1	督促施工单位根据电容器到货的实际尺寸，核对土建基础是否符合要求，包括位置、尺寸等	交安记录	
2	督促施工单位清除槽钢表面的灰沙，核实基础槽钢接地是否可靠，并检查预留接地是否与图纸一致	监理检查记录	

（3）设备开箱检查。

序号	监理控制要点	监理成果文件	备注
1	监理组织开箱检查，电容器应运到便于安装的位置开箱。设备开箱，应检查产品的铭牌数据是否与设计图纸相符，出厂文件是否齐全；检查产品有无损伤，检查电容器的本体有无变形、锈蚀、裂缝渗油等	设备开箱记录	
2	电容器开箱后，督促施工单位落实电气试验，检查容量及绝缘，并按容量配合分组（三相容量差值在5%以内）	监理检查记录	

设备开箱检查	电容器单体电容值测量

（4）电容器安装。

序号	监理控制要点	监理成果文件	备注
1	督促施工单位按图纸的位置、尺寸要求进行电容器的安装或吊装，并按容量配合分组（三相容量差值在5%以内）	监理检查记录	
2	支柱绝缘子安装后，检查是否有破损	监理检查记录	
3	电容器组的母线压接应严密可靠，母线应排列整齐	监理检查记录	
4	母线搭接时，应对搭接面的油、污垢、氧化膜等杂质进行清理，不得锉磨镀银层，在搭接面涂电力复合脂	监理检查记录	
5	检查电容器网栏安装是否牢固，网栏、网门等是否可靠接地	监理检查记录	
6	电容器构架、网栏焊接固定后，检查是否及时清理焊渣并做防腐处理	监理检查记录	
7	电容器安装完毕，检查电容器及辅助设备是否符合图纸要求；连接线、接地等安装是否牢固；是否所有独立的金属部分都有可靠接地	监理检查记录	
8	检查接地隔离开关触头接触时应同期，隔离开关与操动机构联动试验动作应平稳、无卡阻；开关底座、机构箱均可靠接地	监理检查记录	
9	电容器设备母线采用力矩扳手紧固，力矩符合规范要求	监理检查记录	

检查电容器组柜体吊装	检查电容器、支柱绝缘子安装

电容器组装后进行编号	构架、网栏固定后进行防腐处理

（5）交接试验。

序号	监理控制要点	监理成果文件	备注
1	检查施工单位是否按规范要求做电容器交接试验（电容器的交接试验项目，应包括电容值测量，绝缘电阻测试，耦合电容器、断路器电容器的介质损耗角正切值 tanδ 测量，耦合电容器的局部放电试验，交流耐压试验，合闸冲击试验），旁站耐压试验	1. 调试/交接试验报告报审表 2. 旁站记录	

（6）结束。

序号	监理控制要点	监理成果文件	备注
1	电容器安装、试验完成后，对电容器安装工程进行验收，检查所有电气回路是否已安装，抽查螺栓是否紧固，检查设备是否接地，是否有外观缺陷等	相关验评表	
2	施工完毕后，应全面清理线头、杂物	监理检查记录	

4　安全风险控制要点

（1）施工作业前，检查施工区域的孔洞的封堵、围蔽情况（主要指施工区域的电缆沟），确保作业场所周围的孔洞已封堵或围蔽。

（2）电容器吊装施工时，监理人员应督促施工人员将吊装区域围蔽，并由符合资质的人员指挥吊车，吊物及吊臂底下严禁站人，若在已运行的变电站或在吊车附近存在高压电，应检查吊车是否接地。

（3）若发生二次搬运，应督促施工单位设置专人指挥和安全员监护，搬运过程应注意坑洞，做好对设备的保护及对土建成品的保护，不得野蛮施工。

（4）若是电容器改造工程，在拆除电容器前，必须对电容器逐一放电。

5　常见问题分析及控制措施

序号	常见问题	主要原因分析	控制措施	备注
1	电容器网门掉漆、生锈或变形	1. 厂家产品质量问题（开箱时已有油漆掉色、脱漆或网门变形的现象） 2. 网门进行安装焊接施工后，未及时涂防锈漆和面漆	1. 设备开箱检查时做好开箱记录，属于产品质量问题的，视产品缺陷程度，要求厂家处理或更换设备 2. 电容器网门安装焊接固定后或接地焊接施工完成后，督促施工单位及时处理好焊口并涂防锈漆及面漆	

续表

序号	常见问题	主要原因分析	控制措施	备注
2	母线、引下线或设备连接线螺栓安装不牢固,螺栓长度不符合要求(一般螺栓安装后突出螺母 2 或 3 个扣)	1. 施工完毕后施工人员未对螺栓的紧固情况进行检查或试验后施工人员未紧固螺栓 2. 电容器厂家所配的螺栓长度不符合要求	1. 在电容器安装后检查螺栓的紧固情况,电容器试验完毕应及时紧固螺栓 2. 若螺栓长度不符合要求,应要求厂家或施工单位更换螺栓	
3	母线间、母线和设备连接线的搭接面不符合要求	母线及连接线搭接前,未对搭接面进行清理,或试验完毕后重新连接母线时,未对搭接面进行清理	母线及连接线搭接前或每次拆开后再安装前,应对搭接面进行清理	
4	硬母线搭接面不符合要求	硬母线搭接前施工人员未对搭接面进行清理	在母线搭接前检查母线的搭接面表面是否符合要求,或者在验收时抽检	

第 7 章

全站电缆施工

7.1 电缆敷设及防火阻燃

编码：BQ–016

1 监理依据

序号	引用资料名称
1	GB 50150—2016《电气装置安装工程　电气设备交接试验标准》
2	GB 50168—2006《电气装置安装工程　电缆线路施工及验收规范》
3	GB 50169—2016《电气装置安装工程　接地装置施工及验收规范》
4	GB 50171—2012《电气装置安装工程　盘、柜及二次回路接线施工及验收规范》
5	GB/T 50319—2013《建设工程监理规范》
6	《中华人民共和国工程建设标准强制性条文：电力工程部分（2011 年版）》
7	DL 5009.3—2013《电力建设安全工作规程　第 3 部分：变电站》
8	DL/T 5434—2009《电力建设工程监理规范》
9	DL/T 596—1996《电力设备预防性试验规程》
10	工程设计图纸、厂家技术文件等技术文件

2 作业流程

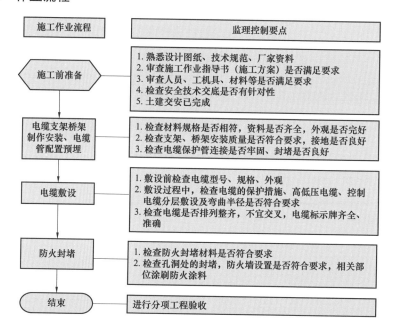

3 监理控制要点

（1）施工前准备。

序号	监理控制要点	监理成果文件	备注
1	完成土建交安工作，并有书面记录，确认交安验收已合格；确认电缆沟内垃圾已清理，积水已抽干	1. 主要施工机械/工器具/安全用具报审表 2. 人员资格报审表 3. 工程材料、构配件、设备报审表 4. 试验/供货单位资质报审表 5. 主要测量计量器具/试验设备检验报审表 6. ＿＿＿报审、报验表 7. 电缆绝缘摇测见证记录	
2	审查供货单位资质及材料质量证明文件、数量及规格、型号等。检查成盘电缆到货后外观是否完好，出厂资料是否齐全。所有材料规格、型号及电压等级应符合设计要求，并有产品合格证		
3	检查工器具规格、型号、种类及外观的完整性，是否在检验有效期内使用		
4	检查施工作业指导书差异化分析、安全技术交底、安全施工作业票等资料是否齐全，确认施工作业指导书已经审查并获得批准		
5	在电缆敷设前要求施工单位先做绝缘电阻测试，见证并形成见证记录表，绝缘电阻值符合规范要求		
6	主要材料、半成品及成品进场检验结论应有记录，确认符合规范规定，才能在施工中应用		

（2）电缆支架桥架制作安装、电缆管配置预埋。

序号	监理控制要点	监理成果文件	备注
1	检查电缆支架、桥架的外观质量及加工质量	1. 隐蔽工程验收记录（电缆管预埋） 2. 监理检查记录	
2	检查支架、桥架焊接是否牢固、横平竖直；检查桥架的安装标高是否符合设计要求，是否在允许偏差范围内。相邻托架应连接平滑，无起拱、塌腰现象；支架应无扭曲变形现象，外表镀层无损伤脱落；相邻桥架板的连接紧固，无漏紧、漏装现象		
3	检查加工的电缆支架层间距离是否满足要求		
4	检查电缆桥架转弯处的转弯半径，不应小于该桥架上敷设电缆的最小允许弯曲半径中的最大值		

续表

序号	监理控制要点	监理成果文件	备注
5	核查金属电缆支架、桥架与变电站主地网可靠连接的形式及触点数量是否与图纸相符（若图纸无要求，应检查起始端与终点端与接地网是否可靠连接。全长不大于 30m 时至少两处与接地干线连接，全长大于 30m 时，应每隔 20～30m 增加与接地干线的连接点）		
6	检查桥架的拼缝及跨接是否符合设计要求		
7	检查支架与预埋件焊缝是否饱满；用膨胀螺栓固定时，检查选用的螺栓是否匹配，连接是否紧固，防松零件是否齐全		

电缆支架焊接

电缆支架安装

（3）电缆敷设。

序号	监理控制要点	监理成果文件	备注
1	敷设前，核对电缆型号、电压等级、规格、长度，电缆外观应无破损		
2	不同方式敷设电缆，在敷设前应检查电缆所经过的通道是否符合施工要求。电缆盘应有可靠的制动措施，以便在紧急情况下迅速停止放缆。检查电缆放线架是否放置稳定，钢轴的强度和电缆盘重量是否匹配	监理检查记录	
3	对施工单位进行交底，要求在电缆敷设作业时做好土建成品保护，不应损坏电缆沟、电缆竖井等。注意电缆敷设时不能在电缆支架或地面上摩擦拖拉，检查电缆敷设时使用的滑轮放置数量是否满足要求		
4	高压电缆敷设时，注意在电缆终端和接头处应留有一定的备用长度，电缆接头处应相互错开，电缆敷设整齐不交叉，单芯的三相电缆宜放置"品"字形		

续表

序号	监理控制要点	监理成果文件	备注
5	检查单芯电缆或分相后各相终端的固定处是否加装衬垫，注意检查固定夹具不应构成闭合环路		
6	检查电缆在各层桥架布置应符合高压、低压、控制电缆由上至下的分层敷设顺序		
7	光缆敷设前应对光纤进行检查，检查光纤应无断点，并对照设计图纸核对光缆衰减值		
8	检查电缆挂牌和路径指示是否一致		
9	直埋电缆在直线段每隔 50～100m、电缆接头、转弯、进入建筑物等处，应设置明显的方位标志或标桩		

电缆敷设（1）

电缆敷设（2）

电缆敷设（3）

电缆敷设（4）

（4）防火封堵。

序号	监理控制要点	监理成果文件	备注
1	在施工前检查防火阻燃材料应具备的质量证明文件、规格、型号等是否符合设计要求	1. 隐蔽工程验收记录表 2. 监理检查记录	
2	检查所有电源控制盘、屏、柜、端子箱、开关箱的电缆进接线孔洞、电缆穿墙孔洞、穿楼板孔洞、电缆穿管孔口等是否进行了规范的防火封堵		
3	有机防火封堵材料安装应牢固，无脱落现象，表面应平整光洁；检查无机防火封堵表面是否平整光洁，不得有粉化、不硬化、开裂等缺陷		
4	检查桥架、支架上的电缆，电缆沟内的电缆是否进行防火阻燃分隔		
5	检查室外电缆沟和隧道是否按设计图纸设置了阻火隔墙，防火墙盖板是否防火隔板。防火隔板安装应该牢固，对工艺缺口与缝隙较大的部位要进行防火封堵，检查防火包的堆砌是否密实牢固，对侧以不透光为合格，外观平整美观		
6	检查所有穿管出线是否已进行涂刷防火涂料，注意检查电缆表面涂刷防火涂料是否达到厚度不小于 1mm，长度不小于 1500mm 的要求；防火涂料的涂刷表面应光洁干燥，涂刷应该均匀，不应该有漏涂现象		
7	对易受外部影响着火的电缆密集场所或可能着火蔓延而酿成严重事故的电缆线路，必须按设计要求的防火阻燃措施施工		

防火封堵

防火隔墙

防火涂料

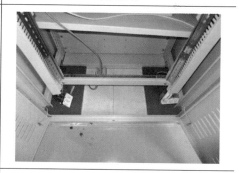

屏柜防火封堵

（5）结束。

序号	监理控制要点	监理成果文件	备注
1	对已施工完的电缆敷设及防火封堵进行检查，并做好检查记录	1. 相关验评表 2. 监理检查记录	
2	督促施工班组对检查所发现的问题进行整改		

4　安全风险控制要点

（1）检查电缆展放机及滑轮布置位置、固定情况，保证敷设电缆弯曲半径、侧压力、外护套完好，对周围运行电缆的保护的可靠性。

（2）敷设电缆前对施工项目进行安全技术交底，要求注意地面的坑洞，不得野蛮施工，机械放缆时受力缆绳内角侧转不能站人，防止人员受伤。敷设完成后检查孔洞封堵情况。

（3）竖直敷设电缆，必须有预防电缆失控下滑的安全措施。电缆敷设完后，应立即固定、卡牢。

（4）在运行电缆通道内进行电缆敷设或电缆接入开关柜时均必须办理工作票，并应采取隔离措施进行隔离。在开关柜旁操作时，安全距离不得小于 1m（10kV 以下开关柜）。

（5）在脚手架上作业，脚手板必须满铺，不得有空隙和探头板。使用的料具，应放入工具袋随身携带，不得投掷。

（6）直流耐压试验时，交代施工单位将高压引线用绝缘绳绑紧并固定，防止高压引线摆动触及带电设备。

（7）直流耐压试验时，为防止现场人员误碰临近带电体，应督促施工单位加强监护，被试电缆两端均应安排专人看护。

5　常见问题分析及控制措施

序号	常见问题	主要原因分析	控制措施	备注
1	电缆敷设后发现外部绝缘皮损伤	1. 加工好的电缆桥架、保护管的切割口边角处有毛刺、卷边或尖锐的棱角 2. 电缆敷设前未对电缆通道进行检查，排除会影响电缆质量的因素 3. 敷设过程中电缆与地面摩擦	1. 督促施工单位施工前组织施工人员（包括临时工）进行安全技术交底和作业指导书的学习并形成记录 2. 在电缆敷设前，再对电缆通道进行抽查，对有毛刺、卷边或尖锐棱角的要求施工人员进行打磨处理 3. 若为 10kV 及以上电缆，要求施工单位进行绝缘试验，合格后进行防水包绕；若不合格，在损伤部位做中间接头来连接。还应检查电缆敷设时使用的滑轮数量、规格是否满足要求	

续表

序号	常见问题	主要原因分析	控制措施	备注
2	电缆交叉敷设，动力电缆和控制、信号电缆混放，电缆弯曲半径不足	1. 施工人员对电缆敷设程序和工艺要求不熟悉，责任心不强 2. 施工负责人安全技术交底工作未落实	1. 督促施工单位施工前组织施工人员（包括临时工）进行安全和技术交底和作业书的学习并形成记录 2. 督促施工单位落实质量管理体系，发现问题及时处理 3. 督促电缆施工前将电缆事先排列好，划出排列图表，按图表进行施工。电缆敷设时，应敷设一根后整理一根，卡固一根 4. 检查电缆敷设过程是否符合要求 5. 在桥架或托盘施工时，检查该桥架或托盘上敷设的最大截面面积电缆的弯曲半径是否满足要求	
3	电缆井、管道井穿过楼板处、孔洞口和缝隙等该封堵部位未封堵，封堵处外观不平整美观，有松脱现象	未熟悉图纸，未严格按设计图纸和相应的技术文件进行施工或随意更改图纸	1. 检查施工人员资质是否满足施工要求 2. 应对防火封堵材料的适用性、质量和相关的测试报告或证书等逐一进行查验 3. 检查防火封堵材料的包装是否保持完整，粘贴产品合格认证标签，并标明有效日期、储存方式及施工方法等 4. 对隐蔽的防火封堵工程进行检查，形成隐蔽验收记录	
4	防火封堵不美观	1. 防火封堵工艺不规范 2. 安装前未将电缆进行整理，未将防火泥平整的填入电缆空隙中	1. 监理人员必须对已施工完的电缆敷设及防火封堵进行检查，并做好检查记录 2. 要求施工单位在验收前对整体防火封堵进行再次复查自检	
5	电缆层电缆未按图纸敷设，出现电缆悬空现象	1. 未详细阅读设计图纸 2. 电缆层部分电缆支架位置不当，导致部分电缆支架悬空	1. 严格要求施工单位按图纸施工，要求施工单位整理电缆排放，避免出现电缆悬空现象 2. 通过建设单位向设计提出对部分电缆支架的位置进行调整，更有利于保证施工质量	
6	电缆进电缆层处没有套管保护	1. 未熟悉图纸，未严格按设计施工图和相应的施工工艺技术文件进行，随意更改图纸 2. 违反 GB 50168—2016《电气装置安装工程电缆线路施工及验收规范》5.3.1 规定：在下列地点电缆应有一定机械强度的保护管或加装保护罩：电缆进入建筑物、隧道，穿过楼板及墙壁处	1. 要求按图施工 2. 要求施工单位加装保护套，减少墙壁对电缆造成的损伤	

续表

序号	常见问题	主要原因分析	控制措施	备注
7	电缆层接地线设置不科学	1. 未熟悉图纸，未严格按设计施工图和相应的施工工艺技术文件进行，随意更改图纸 2. 电缆层接地线设置不科学，施工人员在敷设电缆时，受到接地线的妨碍，图纸上接地线并未明确说明地线安装位置	在图纸会审时提出，电缆层接地线可以沿着地面放置，这样比较美观、科学	
8	电缆弯曲半径过大，出现 S 弯现象	1. GIS 电缆入口设置不合理 2. 施工工艺不规范	1. 图纸审查中提出，建议设计在 GIS 电缆进口固定电缆固定夹或者电缆支架，保证电缆在进入 GIS 口往下的 80cm 维持竖直 2. 实际监理过程发现此类问题，监理单位下发监理整改通知单，并在会议多次提出，要求施工单位落实整改	
9	铝合金桥架在钢制支吊架上固定时，无防电化腐蚀措施	施工未按规定采取铝合金与钢材相互间绝缘的防电化腐蚀措施	要求施工按规定垫一层 PVC 橡胶或 2~3mm 的 PVC 板、薄的电木板等绝缘材料，目的是将铝和钢隔离开不接触	
10	将交流单芯电缆单独穿入钢管内	施工未按规定采取防止因电磁感应使管壁产生涡流发热损坏电缆措施	核对设计图纸是否有要求，若无则书面提交设计单位建议采用非金属管	

6　质量问题及标准示范

电缆敷设不顺直，弯度弧度随意

电缆敷设顺直，弯度一致

续表

电缆敷设不顺直	电缆敷设顺直

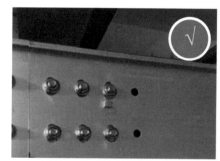

槽盒螺栓未反穿	槽盒螺栓反穿

电缆牌、防火泥布设不美观	电缆牌、防火泥布设美观

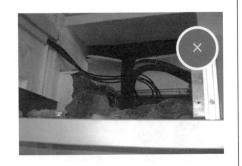

电缆拐弯保护不足，通信电缆、控制电缆未区分敷设	电缆拐弯保护优良，通信电缆、控制电缆分开敷设

防火板封堵不完整	防火板封堵整齐

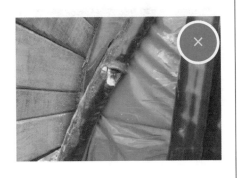

电缆敷设时外皮破损	电缆敷设外皮保护良好

续表

电缆支架安装不规整	电缆支架安装规整

7.2 电力电缆终端及中间接头制作安装

编码：BQ–017

1 监理依据

序号	引用资料名称
1	GB 50147—2010《电气装置安装工程　高压电器施工及验收规范》
2	GB 50150—2016《电气装置安装工程　电气设备交接试验标准》
3	GB 50168—2006《电气装置安装工程　电缆线路施工及验收规范》
4	GB 50169—2016《电气装置安装工程　接地装置施工及验收规范》
5	GB/T 14315—2008《电力电缆导体用压接型铜、接线端子连接管技术规范》
6	GB/T 50319—2013《建设工程监理规范》
7	《中华人民共和国工程建设标准强制性条文：电力工程部分（2011 年版）》
8	DL 5009.3—2013《电力建设安全工作规程　第 3 部分：变电站》
9	DL/T 5707—2014《电力工程电缆防火封堵施工工艺导则》
10	DL/T 5434—2009《电力建设工程监理规范》
11	DL/T 596—1996《电力设备预防性试验规程》
12	工程设计图纸、厂家技术文件等技术文件

2 作业流程

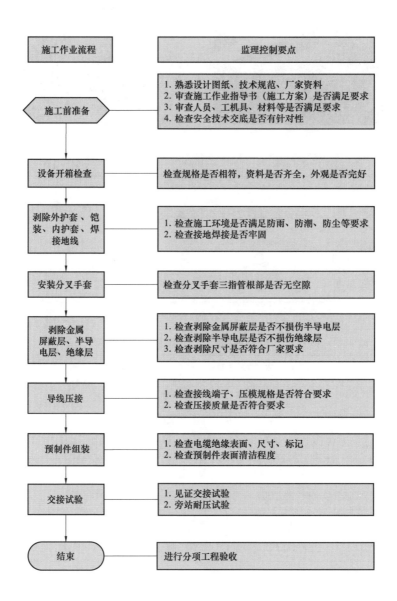

施工作业流程	监理控制要点
施工前准备	1. 熟悉设计图纸、技术规范、厂家资料 2. 审查施工作业指导书（施工方案）是否满足要求 3. 审查人员、工机具、材料等是否满足要求 4. 检查安全技术交底是否有针对性
设备开箱检查	检查规格是否相符，资料是否齐全，外观是否完好
剥除外护套、铠装、内护套、焊接地线	1. 检查施工环境是否满足防雨、防潮、防尘等要求 2. 检查接地焊接是否牢固
安装分叉手套	检查分叉手套三指管根部是否无空隙
剥除金属屏蔽层、半导电层、绝缘层	1. 检查剥除金属屏蔽层是否不损伤半导电层 2. 检查剥除半导电层是否不损伤绝缘层 3. 检查剥除尺寸是否符合厂家要求
导线压接	1. 检查接线端子、压模规格是否符合要求 2. 检查压接质量是否符合要求
预制件组装	1. 检查电缆绝缘表面、尺寸、标记 2. 检查预制件表面清洁程度
交接试验	1. 见证交接试验 2. 旁站耐压试验
结束	进行分项工程验收

3 监理控制要点

（1）施工前准备。

序号	监理控制要点	监理成果文件	备注
1	对照图纸检查电缆、电缆接头型号、电压等级及规格等是否符合设计要求，电缆附件是否齐全无损坏，绝缘材料是否受潮	1. 主要施工机械/工器具/安全用具报审表 2. 人员资格报审表 3. 主要测量计量器具/试验设备检验报审表 4. 试验/供货单位资质报审表 5. ＿＿＿报审、报验表 6. 监理检查记录	
2	检查电缆状况是否良好，未受潮。电缆绝缘偏心度是否满足标准要求，电缆相序是否正确，外护套绝缘试验是否合格		
3	检查施工用的机具及个人防护用品的外观及性能，应在检验有效期内使用		
4	检查作业指导书差异化分析、安全技术交底、安全施工作业票等资料是否齐全；检查施工作业指导书是否已经审查并获得批准；检查是否已对各类施工人员（包括厂家、临时人员等）进行安全技术交底		
5	检查电缆附件厂提供的技术说明书是否齐全		
6	检查进行电缆头制作及试验的人员是否持证上岗作业		

（2）工作棚架搭建、附件开箱检查及保管。

序号	监理控制要点	监理成果文件	备注
1	检查施工现场是否满足防雨、防潮、防尘等要求	1. 设备开箱检查记录 2. 监理检查记录	
2	检查施工现场是否挂设温湿度计量表，并配备空调及抽湿机等设备以备用，保证空气相对湿度为 85% 及以下，温度为 5～30℃		
3	根据装箱清单检查设备的各组件、附件、备件及技术资料是否齐全，检查设备外观是否有缺损，发现的缺件及缺陷应做好记录并通知厂家处理		
4	检查电缆终端和中间接头的附件在开箱后是否分类存放，并将其存放在干燥、通风、有防火措施的室内		

（3）剥除外护套、铠装、内护套、焊接地线。

序号	监理控制要点	监理成果文件	备注
1	根据厂家规定的尺寸检查电缆开线是否符合要求。提醒施工单位在开线前需预留一定的长度，以便开线失误后仍有余量进行第二次开线	1. 旁站记录（高压电缆头制作） 2. 监理检查记录	
2	督促施工人员剥切电缆时保护好线芯和保留的绝缘层		

（4）剥除金属屏蔽层、半导电层、绝缘层。

序号	监理控制要点	监理成果文件	备注
1	按照电缆头厂家图纸尺寸要求剥离屏蔽层、半导电层、绝缘层	监理检查记录	
2	检查主绝缘层表面打磨后是否光滑无刀痕，是否无半导体残留点	1. 旁站记录（高压电缆头制作） 2. 监理检查记录	
3	检查经测量打磨后外径是否在厂家文件规定范围内，倒角应均匀光滑，绝缘层应涂硅脂膏		

电缆附件安装（剥切半导电层）	绝缘层剥除

电缆附件安装（绝缘层倒角处理）	电缆附件安装（涂硅脂膏）

（5）导体压接。

序号	监理控制要点	监理成果文件	备注
1	压接前检查核对线耳型号和压接模具是否匹配，检查导体表面的污物与毛刺是否已清除	1. 旁站记录（高压电缆头制作、导线压接）2. 监理检查记录	
2	压接时，检查线芯插入线耳长度及压模顺序是否满足工艺要求		
3	压接后，复核绝缘间距安装尺寸，清理毛刺并清洁线耳	监理检查记录	

线耳压接

电缆附件安装（打磨毛刺、飞边）

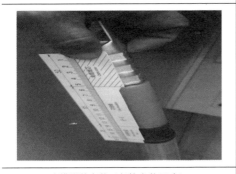

电缆附件安装（复核安装尺寸）

电缆附件安装（清洁线耳）

（6）结束。

序号	监理控制要点	监理成果文件	备注
1	督促施工单位对已施工完成的电缆头制作进行检查，及时做好现场安装记录及质量验评记录	1. 相关验评表格 2. 旁站记录（耐压试验）3. 监理检查记录	
2	督促施工单位对监理检查所发现的问题进行整改		
3	见证电气交接试验，旁站耐压试验		

4 安全风险控制要点

（1）督促施工单位使用及存放无水酒精时远离动火点，防止发生火灾事故。

（2）检查现场是否配置黄油布、灭火器等隔热、灭火器材，工作人员是否穿工作服及正确使用防护用品。

（3）制作电缆头时注意与周围运行中的电缆保持安全距离，并防止对运行中电缆造成损坏。

（4）高空进行电缆作业时，应要求施工单位必须将需要锯断的电缆两端用绳子或其他工具固定绑牢，施工现场应搭建作业平台，并采取防止工器具及材料掉落的措施，以防电缆掉落伤人。

（5）进行耐压试验时，提醒施工单位将试验仪器高压引线用绝缘绳绑紧并适当固定，防止高压引线摆动触及带电设备。

（6）进行耐压试验时，为防止现场人员误碰临近带电体，应督促施工单位加强监护，被试电缆两端应安排专人看护。

（7）试验结束必须要求试验人员对试验设备充分放电。

（8）电缆头制作环境应干净卫生、无杂物，特别是应无易燃易爆物品。

5 常见问题分析及控制措施

序号	常见问题	主要原因分析	控制措施	备注
1	线耳型号不匹配，电缆接头绝缘层击穿	1. 未核对线耳型号 2. 剥切电缆半导体屏蔽层时，刀痕过深，使主绝缘层表面有伤痕，容易存在气隙 3. 电缆半导体屏蔽层剥切后，未清除干净，其半导体残留在主绝缘层上，或者清擦时未遵循工艺要求，反复擦洗，留下隐患，试验时产生闪络放电现象 4. 电缆线芯压接后，连接管压坑变形有尖端、棱角，造成电场畸变，局部场强集中，试验时产生尖端放电现象 5. 冷缩硅橡胶套管是预制成型附件，必须与电缆截面相配套。做接头前若未认真检查是否配套，事必造成收缩不紧密而不能保证界面压力，导致杂质侵入气隙或受潮 6. 制作冷缩头时，硅橡胶绝缘套管收缩后，两端口未作任何密封处理，导致潮气侵入	1. 督促施工单位施工前组织施工人员（包括临时工）进行安全技术交底并形成记录 2. 在搬迁移动电缆时一定要加强对电缆中间接头的保护，避免使其受力 3. 检查施工作业环境，注意电缆落地不能受水浸 4. 严格按照工艺要求督促施工 5. 清洗绝缘层时必须用清洗溶剂沿线芯向半导体屏蔽层的方向清洗，不能用接触过半导体屏蔽层的清洗纸清洗主绝缘层表面 6. 线芯压接以后，检查是否已用锉刀、砂纸仔细地打磨以消除棱角和尖端，并注意在绝缘层表面上应无金属粉屑残留 7. 在制作电缆接头过程中应注意保持清洁，同时应尽量缩短制作时间，要求施工前充分做好各项准备工作，保证制作时不间断	

续表

序号	常见问题	主要原因分析	控制措施	备注
2	电缆头损伤	1. 将制作完成的电缆头在与线路导线或电力设备连接时，对电缆头的保护不到位，造成电缆头的损伤 2. 为了方便，用力弯折电缆头。与设备连接后的电缆头始终处于受力状态 3. 电缆固定未使用专用电缆夹具，而是使用铁丝绑扎固定且绑扎处不加垫层	1. 督促施工单位施工前组织施工人员（包括临时工）进行安全技术交底并形成记录 2. 抽查施工人员及验收人员的业务水平及对工作任务的熟知程度，特别是对电缆附件安装的理解及对每道工序的步骤及内涵的了解 3. 完成每一道工序后都应进行检查，无疑问再进行下一工序	
3	电缆头制作工艺不符合要求	1. 施工单位没有确保工程质量的监督措施 2. 施工人员对制作工艺的重要性认识不足	1. 监理应检查电缆终端与接头的制作人员是否具备资质 2. 督促施工单位组织作业人员培训学习，熟悉电缆头出厂技术文件及工艺要求	
4	电缆附件半导体层开拨及接线端压接工艺粗糙，未用专用砂纸打磨	1. 半导体长度未按要求切剥 2. 半导体层切割不平整且力度过大，伤及主绝缘层 3. 电缆附件中配备专用砂纸而施工人员选择普通的金刚砂纸进行打磨 4. 在打磨过程中会有金属性颗粒附着在绝缘层上，不能满足实际需要，若清洗不好，会对电缆绝缘性能造成不良影响 5. 清洗过程重复污染	1. 督促施工单位施工前组织作业人员进行安全和技术交底和作业书的学习并形成记录 2. 检查电缆终端与接头的制作人员是否具备资质 3. 督促施工单位组织施工人员培训，熟悉工艺 4. 抽查施工人员及验收人员的业务水平及对工作任务的熟知程度，特别是对电缆附件安装的理解及对每道工序的步骤及内涵的了解 5. 完成每一道工序都应该进行检查，无疑问再进行下一工序 6. 对飞边、毛刺进行打磨处理	
5	电缆头现场安装不规范	1. 将制作完成的电缆头在与线路导线或电力设备连接时，对电缆头保护不到位，造成电缆头损伤 2. 为便于安装，用力弯折电缆头。与设备连接后的电缆头始终处于受力状态 3. 电缆安装位置不合适，防雨裙起不到作用 4. 铜铝不同材质连接时，未使用铜铝过渡或进行相关技术处理 5. 电缆固定未使用专用电缆夹具，而是使用铁丝绑扎固定且绑扎处不加垫层	1. 要求施工单位提升作业人员的责任心 2. 要求施工单位提高施工人员的业务水平，特别是对电缆附件安装的理解及对每道工序的步骤及内涵的理解 3. 对电缆附件安装的整个过程进行全面细致的验收，发现问题立即要求施工单位整改	

6 质量问题及标准示范

未打磨压接管飞边、毛刺

打磨压接管飞边、毛刺

使用不合格的接线端子

使用合格的接线端子

半导电层切口不平

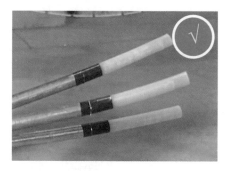

半导电层切口平齐

续表

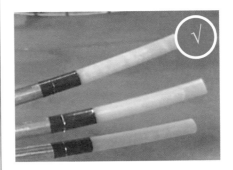

| 绝缘层上有划痕 | 绝缘层无损伤 |

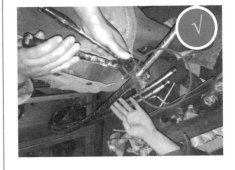

剥切电缆未做好铜屏蔽带的临时保护，
导致电缆散开

剥切电缆时做好铜屏蔽带的临时保护

第 8 章

全站防雷及接地装置安装

编码：BQ-018

1 监理依据

序号	引用资料名称
1	GB 50150—2016《电气装置安装工程 电气设备交接试验标准》
2	GB 50169—2016《电气装置安装工程 接地装置施工及验收规范》
3	GB/T 50319—2013《建设工程监理规范》
4	《中华人民共和国工程建设标准强制性条文：电力工程部分（2011 年版）》
5	DL 5009.3—2013《电力建设安全工作规程 第 3 部分：变电站》
6	DL/T 5434—2009《电力建设工程监理规范》
7	DL/T 596—1996《电力设备预防性试验规程》
8	工程设计图纸、厂家技术文件等技术文件

2 作业流程

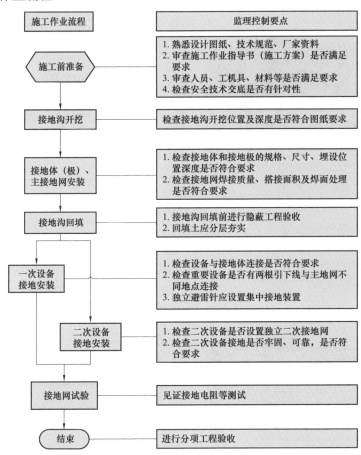

施工作业流程 | 监理控制要点

施工前准备 | 1. 熟悉设计图纸、技术规范、厂家资料
2. 审查施工作业指导书（施工方案）是否满足要求
3. 审查人员、工机具、材料等是否满足要求
4. 检查安全技术交底是否有针对性

接地沟开挖 | 检查接地沟开挖位置及深度是否符合图纸要求

接地体（极）、主接地网安装 | 1. 检查接地体和接地极的规格、尺寸、埋设位置深度是否符合要求
2. 检查接地网焊接质量、搭接面积及焊面处理是否符合要求

接地沟回填 | 1. 接地沟回填前进行隐蔽工程验收
2. 回填土应分层夯实

一次设备接地安装 | 1. 检查设备与接地体连接是否符合要求
2. 检查重要设备是否有两根引下线与主地网不同地点连接
3. 独立避雷针应设置集中接地装置

二次设备接地安装 | 1. 检查二次设备是否设置独立二次接地网
2. 检查二次设备接地是否牢固、可靠，是否符合要求

接地网试验 | 见证接地电阻等测试

结束 | 进行分项工程验收

3 监理控制要点

（1）施工前准备。

序号	监理控制要点	监理成果文件	备注
1	检查接地材料规格、尺寸是否符合要求，镀锌材料镀锌层是否完好。对镀锌质量有异议时，要求施工单位按批抽样送检	1. 主要施工机械/工器具/安全用具报审表 2. 人员资格报审表 3. 工程材料、构配件、设备报审表 4. 试验/供货单位资质报审表 5. 主要测量计量器具/试验设备检验报审表 6. ____ 报审、报验表	
2	检查施工机具及个人防护用品的外观及性能，在检验有效期内方可使用		
3	检查作业指导书差异化分析、安全技术交底、安全施工作业票等资料是否齐全。检查施工作业指导书是否已经审查并获得批准；检查是否已对各类施工人员（包括厂家、临时人员等）进行安全技术交底		
4	检查制作接地体焊接作业人员是否持焊工证上岗		

检查接地材料规格、镀锌材料镀锌层是否符合要求	检查焊接作业人员资格是否符合

（2）接地沟开挖。

序号	监理控制要点	监理成果文件	备注
1	对照图纸检查接地沟开挖位置及尺寸	1. 监理检查记录 2. 隐蔽工程验收记录	

检查接地沟开挖位置及深度	检查接地沟开挖深度

（3）接地体（极）、主接地网安装。

序号	监理控制要点	监理成果文件	备注
1	对照设计图纸，用尺测量接地体（极）顶面埋深及接地极间距离	1. 隐蔽工程验收记录（接地网焊接工艺） 2. 监理检查记录	
2	检查垂直接地极是否按图纸位置布置、垂直打入地下、顶部埋深、上端敲击部位的防腐处理		
3	检查主接地网焊接时是否牢固、无虚焊；钢材采用电焊，铜排（线）采用热熔焊		
4	检查钢接地体搭接长度是否符合要求，焊缝处应先除锈后刷漆		
5	检查铜焊接头表面是否光滑、无气泡，处理完焊渣后应刷漆防腐		
6	检查建筑物上的避雷带是否按图纸要求设置接地引下线，在建筑物离地 1.5～1.8m 处设置有断接卡并有保护措施		
7	检查构支架接地引下线是否设置便于测量的断开点		
8	接地线与接地体、接地线之间的连接方式、焊接质量符合设计与规范要求。检查扁钢的搭接长度是否为其宽度的两倍，并至少焊接 3 个棱边，焊缝平整、饱满，圆钢的塔接长度是否为其直径的 6 倍；圆钢与扁钢连接长度为圆钢直径 6 倍（双面焊）		

检查主接地网焊接时是否牢固、无虚焊

检查主接地网焊接是否牢固（铜地网熔接，表面应光滑、无气泡）

检查接地引上线的布置是否符合图纸，焊接是否符合要求

检查扁钢搭接长度是否为其宽度的两倍，并至少焊接 3 个棱边，焊缝平整、饱满，圆钢塔接长度是否为其直径的 6 倍；圆钢与扁钢连接长度为圆钢直径的 6 倍

（4）接地沟回填。

序号	监理控制要点	监理成果文件	备注
1	检查回填土的质量，应使用粉土；对于电阻率较高的地质，应按设计要求进行相关处理（使用降阻剂等方法）	监理检查记录表	
2	检查土壤分层夯实情况		

回填前，应检查接地装置的整体安装情况

检查回填土的质量，不得有较强腐蚀性

（5）一次设备接地安装。

序号	监理控制要点	监理成果文件	备注
1	检查与设备连接的接地体是否为螺栓搭接，搭接面是否平整紧密		
2	检查接地体引上线是否横平竖直		
3	要求两点接地的设备，检查两根引上线是否与不同网格的接地网或接地干线相连		
4	检查电抗器接地网是否能构成闭合环路		
5	检查主变压器基础边是否有两根引自不同方向的接地线	监理检查记录	
6	电流互感器、电压互感器、主变压器中性点避雷器等带二次部分的一次设备须不少于两根引下接地线与地网连接		
7	检查隔离开关等一次设备每根支柱不少于一根引下接地线与地网连接		
8	相同设备的接地方式必须一致，接地线必须与设备接地端子可靠接地		

续表

避雷引下线安装检查（应在 1.5～
1.8m 处设置断接卡）

屋内接地装置安装检查

检查隔离开关、断路器等一次设备须不少于
两根引下接地线与地网连接

检查接地安装是否牢固，扁钢搭接长度为其
宽度的 2 倍，螺栓方向由里向外

（6）二次设备接地安装。

序号	监理控制要点	监理成果文件	备注
1	检查二次设备机柜和柜内设备的外壳是否接地，是否采用专用接地线接于屏内的接地排上	监理检查记录	
2	检查电子静态设备的外壳与屏内接地排是否有连接		
3	检查二次设备专用接地铜排的敷设是否与图纸相符，该接地网全网均由截面面积不小于 100mm^2 的铜排构成（220kV 及以上变电站内应敷设独立的二次接地网）		
4	检查交流工作电源的二次设备的电源是否接地。应注意其电源的接地线不能接在屏内的接地排上		
5	检查二次电缆的屏蔽层是否按要求引出接地线并接于电缆两端的接地铜排上。高压电缆屏蔽层在一端接地即可		

续表

序号	监理控制要点	监理成果文件	备注
6	检查成套柜的接地母线是否与主接地网连接可靠		
7	检查接地网在进入室内时，是否通过截面面积不小于 100mm² 的铜缆与室内二次接地网可靠连接；同时在室外场地二次电缆沟内，接地网各末梢处分别用截面面积不小于 50mm² 的铜缆与主接地网可靠连接接地	监理检查记录	
8	开关场的端子箱内接地铜排应用截面面积不小于 50mm² 的铜缆与室外二次接地网连接		

（7）接地网试验。

序号	监理控制要点	监理成果文件	备注
1	见证监督接地电阻的测试。注意雨后不应立即测试	监理检查记录	
2	检查接地电阻试验报告结果是否合格，接地体导通试验结果是否合格	见证试验结果	

 |

检查接地电阻的测试（注意雨后不应立即测试）	检查接地电阻的测试

（8）结束。

序号	监理控制要点	监理成果文件	备注
1	对已施工自检完的接地装置安装进行检查，并做好检查记录	1. 相关验评表格 2. 监理检查记录	
2	督促施工班组对自检所发现的问题进行整改		
3	检查电气交接试验报告结果是否合格		

4 安全风险控制要点

（1）作业前，检查施工单位是否对作业人员的安全技术交底、现场是否配有安全监护人员。要求施工单位监护高处作业人员系好安全带，佩戴工具袋，衣着灵便，穿软底鞋，安全带不得高挂低用，移动过程中不得失去保护。

（2）作业前，督促施工单位检查电动机具外壳接地是否良好，需要移动时必须先断开电源，防止触电伤人。

（3）作业前，检查在作业场所周围的孔洞的围蔽情况，确保作业场所周围的孔洞已围蔽或封堵，且悬挂"当心坑洞"标示牌。

（4）动火前，检查现场是否配备足量合适的灭火器材，动火作业旁易燃物质是否已清除，若不能清离现场的，采取必要的防火措施。

（5）详细检查电焊机外壳接地良好。

（6）督促施工单位动火作业时人员应正确使用电焊面罩、电焊手套等专用护具，防止焊渣灼伤人及弧光伤眼。

（7）应督促施工单位安装避雷针（带）应该严格按照自下而上的顺序：先安装接地体，再安装引下线，最后安装接闪器。

（8）避雷针吊装作业前，检查吊车司机、高空作业人员的持证上岗证件。吊装过程注意监督及提醒作业人员应保持与带电设备的安全距离。避雷针起吊过程中，吊件下方应禁止人员通过或逗留。

5 常见问题分析及控制措施

序号	常见问题	主要原因分析	控制措施	备注
1	设备接地与接地网之间搭接长度不够、导通不良	1. 设备的接地引下线与接地网焊接不良，焊接搭接倍数不够，且大多为点焊，经过长时间的腐蚀，从焊口处开路 2. 接地网水平接地体的接头处焊接不符合要求 3. 设备接地引下线的截面面积小，经过长时间的锈蚀，从地下锈断 4. 通过混凝土基础或构架的内筋接地的，基础或构架内筋没进行可靠的电气连接及试验	1. 检查接地装置和避雷带及支持件应采用热镀锌的钢材、螺栓 2. 接地装置和避雷装置的金属焊接工作应由具有焊接资格的焊工担任；扁钢及圆钢的连接均采用搭接焊。扁钢搭接长度为扁钢宽度的两倍，并应焊3个棱边，并进行两面焊接。圆钢搭接长度为圆钢直径的6倍，并进行两面焊接。圆钢与扁钢连接时，搭接长度为圆钢直径的6倍。焊接连接的缝应平整、饱满，无明显气孔及咬肉缺陷。焊接处的焊渣必须清除后再涂漆 3. 当设计要求利用混凝土柱子内的钢筋作为避雷带引下线时，应对柱子内的钢筋焊接质量认真检查，并做好施工隐蔽工程记录资料	

序号	常见问题	主要原因分析	控制措施	备注
2	接地体的搭接长度不足、未做防腐措施	1. 施工单位对接地问题的重视程度不够 2. 未按图纸施工。因接地工程是一个隐蔽工程，一旦施工结束就不易检查，偷工减料的现象多	1. 督促施工单位在施工前组织施工人员（包括临时工）进行安全和技术交底和作业书的学习并形成记录 2. 接地装置和避雷装置的金属焊接工作应由具有焊接资格的焊工担任 3. 扁钢及圆钢的连接均采用双面搭接焊且焊缝饱满保证过流截面面积足够 （1）扁钢搭接长度为扁钢宽度的两倍，并应焊 3 个棱边 （2）圆钢搭接长度为圆钢直径的 6 倍，并进行两面焊接 （3）圆钢与扁钢连接时，搭接长度为圆钢直径的6倍，并进行两面焊接 4. 焊好后检查焊接处应除去焊渣，及时涂刷防腐漆	
3	引下线利用焊接搭接，不合格	1. 施工单位对接地问题的重视程度不够 2. 不按图施工。因接地工程是一个隐蔽工程，一旦施工结束就不易检查，偷工减料的现象多	1. 督促施工单位在施工前组织施工人员（包括临时工）进行安全和技术交底和作业书的学习并形成记录 2. 接地装置和避雷装置的金属焊接工作应由具有焊接资格的焊工担任 3. 扁钢及圆钢的连接均采用双面搭接焊且焊缝饱满，保证过流截面面积足够 （1）扁钢搭接长度为扁钢宽度的两倍，并应焊 3 个棱边 （2）圆钢搭接长度为圆钢直径的 6 倍，并进行两面焊接 （3）圆钢与扁钢连接时，搭接长度为圆钢直径的6倍 4. 焊好后检查焊接处应除去焊渣，及时涂刷防腐漆	
4	屏柜里二次地线两根以上接一个端子	1. 不熟悉施工工艺及规范 2. 作业人员未按图施工 3. 屏柜内未设置保护接地或工作接地	督促施工单位在施工前组织施工人员技术交底（二次保护测控屏（柜、箱）内部二次地端子不超过六根接地线压一个接线耳，每个接地端不得超过两个线耳）	
5	在一个接地线中串接几个需要接地的电气装置	对电气装置接地要求不清晰	1. 检查其技术交底情况和熟悉施工作业指导书程度 2. 要求施工每个电气装置的接地应以单独的接地引上线与接地干线相连接。重要设备须不少于两根引下接地线与地网不同干线连接	

续表

序号	常见问题	主要原因分析	控制措施	备注
6	重要电气设备未独立接地	对电气装置接地要求不清晰	1. 检查其技术交底情况和熟悉施工作业指导书程度 2. 要求施工重要电气设备（例如高压配电装置的金属外壳、GIS 接地端子、变压器中性点等）应独立接地，其保护接地或工作接地应以独立接地线且宜有两根以最短的距离与主接地网不同干线直接连接	
7	建筑物防雷带引下线断接卡设置高度不符合要求或不设保护措施	对电气装置接地要求不清晰	1. 检查其技术交底情况和熟悉施工作业指导书程度 2. 要求施工将断接卡设置高度应为距地面 1.5～1.8m 处，并应有保护措施（一般加装盒子）	
8	独立避雷针及其接地装置与道路或建筑物的出入口的距离小于 3m	对电气装置接地要求不清晰	1. 检查其技术交底情况和熟悉施工作业指导书程度 2. 要求施工将独立避雷针及其接地装置与道路或建筑物的出入口的距离大于 3m。当小于 3m 时，应采取均压措施或铺设卵石（沥青地面）	

6 质量问题及标准示范

接地线敷设过墙时未使用钢管保护

接地线敷设过墙时使用钢管保护（整改后）

接地线统一颜色标示，采用螺栓连接

门框跨接美观可靠

续表

设备接地工艺美观

设备接地细致、美观

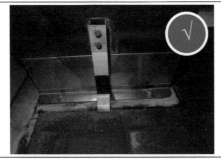

箱柜接地端子设置统一、采用螺栓固定

TA 接地横平竖直

电缆桥架接地美观

电缆桥架软铜带跨接，二次接地铜排平直

电缆层二次接地网刷黄绿接地标示，间距相等

接地网阻抗测试，结果应合格

续表

| 用火烧加工圆钢的直角，
严重破坏圆钢的镀锌层 | 在完成接地材料的加工后，再进行焊接施工，
减少对镀锌层的破坏 |

| 接地材料焊接长度不符合要求 | 圆钢焊接长度为其直径的 6 倍 |

第9章

通信工程

编码：DQ-019

1 监理依据

序号	引用资料名称
1	GB 50169—2016《电气装置安装工程 接地装置施工及验收规范》
2	GB 50171—2012《电气装置安装工程 盘、柜及二次回路接线施工及验收规范》
3	GB 50312—2016《综合布线系统工程验收规范》
4	GB 50374—2006《通信管道工程施工及验收规范》
5	GB/T 50319—2013《建设工程监理规范》
6	《中华人民共和国工程建设标准强制性条文：电力工程部分（2011 年版）》
7	DL 5009.3—2013《电力建设安全工作规程 第 3 部分：变电站》
8	DL/T 5434—2009《电力建设工程监理规范》
9	DL/T 5344—2006《电力光纤通信工程验收规范》
10	工程设计图纸、厂家技术文件等技术文件

2 作业流程

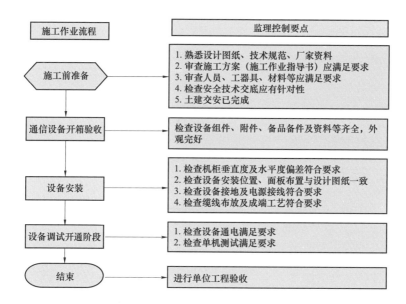

3 监理控制要点

（1）施工前准备。

序号	监理控制要点	监理成果文件	备注
1	审核施工方案是否已审批。组织图纸会审，熟悉技术资料、设计图纸、施工规范	1. 施工组织设计/（专项）施工方案报审表 2. 图纸会审记录	
2	检查人员是否满足施工要求，尤其管理人员及特殊工种等。检查工机具、材料是否齐全	1. 工程材料、构配件、设备报审表 2. 人员资格报审表 3. 主要施工机械/工器具/安全用具报审表	
3	组织完成土建交安工作	交安记录	

（2）通信设备开箱检查。

序号	监理控制要点	监理成果文件	备注
1	在通信设备到场后，应组织制造商、业主、施工单位各方代表进行开箱验收，并根据制造商提供的装箱单逐项清点，检查通信设备参数是否与合同规定的产品型号、规格相符	设备开箱检查记录	

（3）设备安装。

序号	监理控制要点	监理成果文件	备注
1	检查通信屏柜安装是否牢固，接地是否良好，位置是否合理与其他设备无冲突	监理检查记录	
2	检查屏柜及机架安装： 屏柜的垂直度偏差不应大于2mm，水平偏差不应大于2mm。检查机架上的各种零件，不得脱落或碰坏，各种标志完整、清晰。检查屏柜安装是否稳固	监理检查记录	
3	通信设备安装检查： 1. 检查设备安装位置、面板布置与设计图纸是否一致 2. 检查通信设备安装是否牢固 3. 在载波户外设备及载波设备安装前进行阻塞电阻测试，安装后用扳手检查阻波器支架及各紧固螺栓是否牢固且完好 4. 检查设备的标牌、标签是否清晰正确	监理检查记录	

续表

序号	监理控制要点	监理成果文件	备注
4	设备接地及电源接线检验： 1. 各屏柜、机架有工作接地和保护接地两组独立的汇集端子 2. 设备采取"一点接地"的联合接地方式，即设备所在机房各类通信设备的工作地、保护地及建筑防雷接地共用一组接地体的集中接地方式 3. 由连接在联合接地体的垂直接地总汇集线上的水平接地分汇集线引入机房；屏柜、机架设备的接地线，就近接入水平接地分汇集线上 4. 接地连接线采用铜导体，其截面面积根据可能通过的最大电流负荷确定 5. 接地线之间的电位差不大于 0.5V 6. 检查设备的供电方式、线路、容量是否满足要求，设置独立负载开关、配电屏空开容量留有充足的保护余量 7. 检查设备两路供电隔离性是否能满足要求 8. 检查设备是否由两路供电电压分别独立供电 9. 检查两路供电切换保护性是否满足要求	监理检查记录	
5	缆线布放及成端检查： 1. 检查布放线缆时是否扭绞、揉皱或损坏绝缘，当线缆转弯时应用手或木枕模型将线缆弯曲成弧形以避免损坏外皮；在布放线缆前应核对线缆的芯数和类型，核对无误后做绝缘测试，一般线缆的绝缘电阻标准不小于 2000MW/km 2. 信号线路沿电缆沟或电缆桥架敷设时必须放置在最底层或与电气的控制及信号电缆同层，严禁与电气一次电缆同层敷设 3. 弯曲半径应符合以下要求： （1）尾纤大于 25mm （2）非屏蔽网线不小于电缆外径的 4 倍 （3）屏蔽网线不小于电缆外径的 8 倍 （4）光缆、户外电缆和大多数电缆不小于电缆外径的 10 倍 4. 检查电源线中间是否有接头，缆线直流电源极性、相色是否符合要求 5. 检查接地线相色是否统一，机架接地线必须通过压接式接线端子与机房接地网的接地桩头连接，连接后接地桩头应采取防锈措施处理 6. 通信线缆成端后缆线预留长度应整齐、统一，线缆插头的组装配件应齐全、位置正确、装配牢固 7. 机架内各种缆线应使用活扣扎带统一编扎，活扣扎带间距为 10～20cm，编扎后的缆线应顺直、松紧适度、无明显扭绞 8. 检查光缆、通信电缆、尾纤是否按规定穿设 PVC 保护管或线槽，光缆与电缆应分开布放；检查电缆挂牌是否符合要求	监理检查记录	

通信电缆架安装	PCM（Pulse Code Modulation，脉冲编码调制）装置及光纤接口检查

通信电缆挂牌施工	通信屏柜整体验收

（4）设备调试开通阶段。

序号	监理控制要点	监理成果文件	备注
1	设备上通电前检查： 1. 检查设备连线有无明显断线、脱焊、元件脱落、短路等现象，全面检查接线质量是否符合要求 2. 对设备上电前，必须检查设备电源电压及正负极是否准确无误 3. 进行电源倒换试验前，必须检验两路电源的输入电压是否符合要求 4. 检查电源回路接线是否正确，无寄生回路	调试/交接试验报告报审表	
2	设备单机调试： 1. 光通信网络单机测试 （1）检查设备是否采用双回路直流电源供电 （2）检查告警功能是否正常 （3）检查设备冗余功能是否正常 （4）检查SDH（synchronous digital hierarchy，同步数字系列）设备光接口测试、设备电接口测试、时钟性能检查及光放大器测试是否正常	调试/交接试验报告报审表	

序号	监理控制要点	监理成果文件	备注
2	（5）检查 WDM（Wavelength Division Multiplexing，波分复用）设备中的光接口测试、设备电接口测试、时钟性能检查、光放大器测试是否正常 （6）检查 ASON（Automatically Switched Optical Network，自动交换光网络）设备中的光接口测试、平均发送功率、接收灵敏度、接收过载光功率、光发送信号眼图测试、设备电接口测试、时钟性能检查、光放大器测试是否满足要求 　2. 数据网络设备单机测试 （1）检查本机检查系统软件与硬件配置是否齐全 （2）检查设备重启动测试是否正常 （3）检查设备主控板卡热插拔测试是否正常 （4）检查设备接口板卡热插拔测试是否正常 （5）检查电源冗余测试是否正常 （6）检查设备基本配置能力测试是否正常 　3. 载波机、保护接口设备单机测试 （1）核对输入电源极性是否正确，电压要求、直流电源配电屏开关容量是否满足设计和载波机功耗要求 （2）设备加电后检验各指示灯显示是否正常 （3）检查设备固件、软件版本与合同是否一致，数据配置是否正确 （4）检查装置告警功能是否正确 （5）检查装置各发信支路的测试是否正常 　4. 语音交换设备单机测试 （1）检查设备配置是否满足要求 （2）检查启动性能测试是否满足要求 （3）检查设备主控板卡热插拔及倒换测试是否满足要求 （4）检查设备接口板卡热插拔测试是否满足要求 （5）检查电源冗余测试是否满足要求 　5. 视频会议专用数据网单机测试 （1）设备上电前检测各机柜、模块的总线连接和标志开关设置是否正确，核查输入电源极性连接是否正确，交流输入电压是否正确，直流电源配电屏开关容量是否满足设计和视频会议系统功耗要求 （2）设备上电后，检测各指示灯显示是否正常，系统初始化过程是否正常，各告警功能是否正确 （3）系统初始化完成，进入出厂设置的正常工作状态 （4）检查 MCU（Multipoint Control Unit，多点控制器）单机安装测试是否正常 （5）检查视频会议终端设备测试是否正常 （6）检查会场多媒体设备功能测试是否正常	调试/交接试验报告报审表	

续表

序号	监理控制要点	监理成果文件	备注
3	设备系统及性能调试： 1. 光通信网络系统调试 （1）在 SDH 设备测试中，检查系统误码性能测试是否正常，系统抖动性能测试是否正常，系统保护倒换时间测试是否正常，以太网系统性能测试是否正常，公务系统操作检查是否正常，网管系统功能检查是否正常，重要业务通道测试是否正常 （2）WDM 设备测试中，检查 WDM 系统中心频率及偏移测试是否正常，WDM 系统输出抖动测试是否正常，WDM 系统光信噪比测试是否正常，WDM 系统误码性能测试是否正常，WDM 系统功能测试是否正常，以太网系统性能测试、公务系统操作检查是否正常，网管系统功能检查是否正常，重要业务通道测试是否正常 （3）在 ASON 设备测试中，检查系统误码性能测试是否正常，系统抖动性能测试是否正常，系统保护倒换时间测试是否正常，以太网系统性能测试是否正常，公务系统操作检查是否正常，控制平面相关测试是否正常，E–NNI（External Network–Network Interface，外部网络　网络接口）实现功能测试是否正常，UNI（User Networks Interface，用户　网络接口）实现互通功能测试是否正常，规划优化仿真功能测试是否正常，网管系统功能检查是否正常，重要业务通道测试是否正常 2. 数据网络设备系统测试 （1）检查网络基本功能与性能测试是否正常 （2）检查 IP 路由测试是否正常 （3）检查网络业务测试是否正常 （4）检查网管系统测试是否正常 （5）检查 VPN（Virtual Private Network，虚拟专用网络）测试是否正常 （6）检查网络冗余测试是否正常 （7）检查网络安全测试是否正常 3. 载波通信系统检验及测试 （1）检查阻波器测试电阻是否符合设计要求 （2）检查耦合电容器高压电气性能测试（包括耦合电容的电容量、介质损耗角正切值、绝缘测试）是否满足规范要求 （3）检查结合设备的工作衰减测试及回波损耗测试是否满足要求 （4）检查高频电缆的绝缘电阻测试是否大于 $100M\Omega$，直流电阻测试及传输衰减测试是否满足要求 （5）检查载波通信系统中高频通道、载波机双机测试、远方保护通道测试及保护、通信专业联合调试是否满足要求	调试/交接试验报告报审表	

续表

序号	监理控制要点	监理成果文件	备注
3	4. 语音交换设备测试 （1）检查语音交换系统标称电压范围内的二次电源输出电压值是否正常，输出电压值是否无波动，满足单板输入电压要求 （2）检查时钟及同步测试。首先目检交换机时钟外部接口类型是否符合技术协议要求，然后通过网管设置，将交换机的同步设置成外部时钟同步、外部线路同步、内部时钟同步等不同级别和类型的同步测试 （3）检查语音交换系统接续测试是否满足要求 （4）检查语音交换系统编号配置检测是否满足要求，公网出局拨号方式及本机公网号码是否符合编号要求 （5）检查语音系统中继链路测试是否满足要求 （6）检查语音系统中继路由迂回测试是否满足要求 （7）检查中继接口及 Q 信令系统测试是否正常 （8）检查运营系统中继接口及七号信令系统测试是否正常 （9）检查接入公网呼叫测试是否正常 （10）检查行政电话业务功能测试是否正常 （11）检查话务台及查号系统测试是否正常 （12）检查调度电话功能测试正常，检查分机用户设置为不同的优先和限制级、强制插话、强制拆线、主叫号码显示、代答功能、立即热线或延时热线、来话转接、呼叫转移、来话保留、三方通话、呼叫等待、缩位拨号、会议电话、广播会议、多方会议、区别振铃、其他功能是否符合要求 （13）检查数字按键式调度台测试是否正常 （14）检查计算机触摸屏调度台测试是否正常 （15）检查计费系统测试是否正确 （16）检查录音系统测试是否正常 （17）检查管理维护系统测试是否正常 （18）检查软交换系统局内呼叫检测是否正常 （19）检查软交换系统出局呼叫检测是否正常 （20）检查软交换边界控制器测试是否正常 （21）检查系统协议、媒体压缩协议测试是否正常 （22）检查软交换系统对网络适应能力测试是否正常 （23）检查软交换系统安全性能测试是否正常 （24）检查软交换系统分布式部署测试是否正常 5. 视频会议系统功能和技术指标测试 （1）检查 MCU 功能测试是否正常 （2）检查 GK（Gate Keeper，网守）功能测试是否正常 （3）检查 SIP 服务器功能测试是否正常 （4）检查系统功能测试是否正常	调试/交接试验报告报审表	

序号	监理控制要点	监理成果文件	备注
3	（5）检查系统网管功能测试是否正常 （6）检查视频会议效果是否正常，现场检查系统整体音视频效果是否满足要求 （7）检查视频会议系统的系统可靠性是否满足要求，验证系统可靠性、稳定性是否满足要求 （8）检查系统安全性检验是否满足要求，检查网管系统对网管服务器和系统防火墙进行的安全设置是否满足要求	调试/交接试验报告报审表	

（5）结束。

序号	监理控制要点	监理成果文件	备注
1	施工收尾阶段主要包括以下步骤： 1. 拆除临时措施 2. 检查核对所有标示牌 3. 封堵孔洞 4. 彻底清扫作业区 5. 依清单查点整理设备部件、备品备件、工具等	监理检查记录	
2	督促施工单位及时填写质量验收评定记录，施工单位三级自检后监理预验收	相关验评记录	

4 安全风险控制要点

（1）正确设置仪表仪器，测试仪器是否按要求接地。

（2）正确使用测试工具避免造成设备故障。

（3）通信机柜的倾倒导致碰撞或人员压伤。

（4）现场施工进行核对传输设备和端口名称及编号，导致误拔插或误碰造成传输网运行业务中断。

（5）由于通信电源短路或极性接反导致设备损坏。

（6）严禁带电拆接电源线，应使用合格的电缆和开关，对裸露金属器具或电源头用绝缘胶布包好，防止触电事故。

（7）机房内严禁存放易燃、易爆和腐蚀性物品，防止火灾事故发生。

（8）禁止用眼睛直视设备或仪器上的发光口或带发光源的光纤头。

5 常见问题分析及控制措施

序号	常见问题	主要原因分析	控制措施	备注
1	各机柜、机架有工作接地和保护接地合用一组汇集端子	对规范不熟悉	各机柜、机架有工作接地和保护接地两组独立的汇集端子	

续表

序号	常见问题	主要原因分析	控制措施	备注
2	直流电源相色	对规范不熟悉	电源的正负极分别为赭色及蓝色	
3	可开启屏门没有使用软铜导线可靠接地	对规范不熟悉	可开启屏门用软铜导线可靠接地	
4	通信电缆保护不到位	1. 施工单位偷工减料 2. 责任心不足	室外必须采用镀锌钢管进行保护，室内采用 PVC 管及 PVC 槽盒进行保护	
5	设备材料没有按时到货	责任心不足	1. 加强物资开箱检查 2. 及时协调物资到货计划的落实	
6	设备数据丢失	1. 配置数据前，应仔细核查资源 2. 盲目操作	1. 做好数据备份防止数据丢失 2. 仔细核查数据后再进行数据操作	

6 质量问题及标准示范

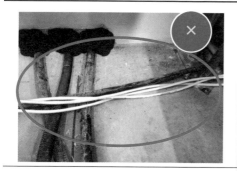

通信电缆未套管敷设

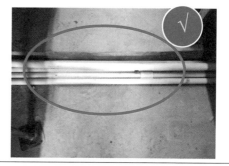

通信电缆套管敷设

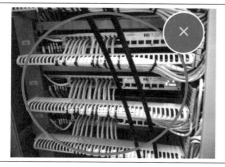

通信电缆未挂牌

通信电缆标示齐全

第 10 章

试验

编码：DQ-020

1 监理依据

序号	引用资料名称
1	GB 50150—2016《电气装置安装工程　电气设备交接试验标准》
2	GB/T 50319—2013《建设工程监理规范》
3	《中华人民共和国工程建设标准强制性条文：电力工程部分（2011 年版）》
4	DL 5009.3—2013《电力建设安全工作规程　第 3 部分：变电站》
5	DL/T 377—2010《高压直流设备验收试验》
6	DL/T 5434—2009《电力建设工程监理规范》
7	DL/T 596—1996《电力设备预防性试验规程》
8	工程设计图纸、厂家技术文件等技术文件

2 作业流程

施工作业流程	监理控制要点
施工前准备	1. 熟悉设计图纸、技术规范、厂家资料 2. 审查施工作业指导书（施工方案）是否满足要求 3. 审查人员、工机具、材料等是否满足要求 4. 检查安全技术交底是否有针对性 5. 土建交安已完成
设备开箱检查	1. 检查设备组件、备品备件及资料等是否齐全，外观是否完好 2. 见证气体密度继电器、压力表和 SF_6 气体送检
基础检查画中心线	1. 以母管为中心核对中心线标注情况 2. 确保厂家技术人员到场指导安装
封闭式组合电器安装连接	1. 检查施工现场环境及吊装设备是否满足安装条件 2. 重点检查本体、密封圈安装，核实母线插入深度 3. 见证回路电阻测试
就地控制柜安装及接线	1. 检查控制柜安装位置是否正确、柜门密封是否良好 2. 检查控制回路接线是否符合要求
抽真空、充气、检漏	1. 检查抽真空、充气程序和方法是否满足要求 2. 见证气体检漏及微水试验
操动机构连接与调校	1. 检查操动机构分合闸是否无卡滞，闭锁、限位装置是否正常 2. 检查操动机构的转动部分是否涂有润滑脂
单元测试及交接试验	1. 检查封闭式组合电器的单元测试 2. 见证交接试验 3. 旁站耐压及局放试验
结束	1. 检查紧固螺栓的力矩 2. 进行分项工程验收

3 监理控制要点

（1）施工前准备。

序号	监理控制要点	监理成果文件	备注
1	熟悉电气施工图纸，了解试验设备位置、规格、型号等技术参数	监理检查记录	
2	核查施工方案的编制是否已完成，督促施工单位完成特种作业人员及高压试验所需要的仪器仪表报审工作	工程施工组织设计/（专项）施工方案报审表	
3	核查试验仪器仪表、特种设备、试验人员及特殊工种人员的报审是否与现场相符，安全工器具是否在安全有效期内	1. ___报审、报验表设备/材料/构配件报审表 2. 人员资格报审表 3. 主要施工机械/工器具/安全用具报审表 4. 主要测量计量器具/试验设备检验报审表	
4	核实施工单位是否对现场施工人员进行交底，并且交底内容符合施工的实际要求，若有厂家人员或临时人员配合，要求签署临时交底和外派人员安全协议书	___交底记录表	

核查试验仪器仪表、特种设备、试验人员及特殊工种人员的报审是否与现场相符

核查安全工器具是否在安全有效期内

（2）特殊试验项目检查。

序号	监理控制要点	监理成果文件	备注
1	根据有关的规程、规范和设计文件要求，对以下材料及附件，如导线压接、管母焊接、绝缘油、SF_6气体、光缆、耐张线夹连接件、绝缘油、压力释放阀、瓦斯继电器、SF_6密度计等进行见证取样送检，并形成记录	见证取样送检记录	

续表

绝缘油	SF$_6$气体
	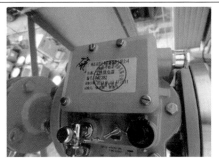
压力释放阀	瓦斯继电器

（3）一次、二次高压试验。

序号	监理控制要点	监理成果文件	备注
1	见证变压器交接试验，主要试验项目如下： 1. 绝缘油试验或 SF$_6$气体试验 2. 测量绕组连同套管的直流电阻 3. 检查所有分接头的电压比 4. 检查变压器的三相接线组别和单相变压器引出线的极性 5. 测量与铁芯绝缘的各紧固件（连接片可拆开者）及铁芯（有外引接地线的）绝缘电阻 6. 非纯瓷套管的试验 7. 有载调压切换装置的检查和试验 8. 测量绕组连同套管的绝缘电阻、吸收比或极化指数 9. 测量绕组连同套管的介质损耗角正切值 $\tan\delta$ 10. 测量绕组连同套管的直流泄漏电流 11. 变压器绕组变形试验 12. 绕组连同套管的交流耐压试验 13. 绕组连同套管的长时感应电压试验和局部放电试验	1. 监理检查记录 2. 试验报告	具体见 GB 50150—2016《电气装置安装工程电气设备交接试验标准》

序号	监理控制要点	监理成果文件	备注
1	14. 额定电压下的冲击合闸试验 15. 检查相位 16. 测量噪声 以上交接试验应满足有关标准和技术合同的要求		
2	见证断路器（SF$_6$）交接试验，主要试验项目如下： 1. 测量绝缘电阻； 2. 测量每相导电回路的电阻 3. 交流耐压试验 4. 断路器均压电容器的试验 5. 测量断路器的分、合闸时间 6. 测量断路器的分、合闸速度 7. 测量断路器主、辅触头的分、合闸的同期性及配合时间 8. 测量断路器合闸电阻的投入时间及电阻值 9. 测量断路器分、合闸线圈绝缘电阻及直流电阻 10. 断路器操动机构的试验 11. 套管式电流互感器的试验 12. 测量断路器内SF$_6$气体的含水量 13. 密封性试验 14. 气体密度继电器、压力表和压力动作阀的检查 以上交接试验应满足有关标准和技术合同的要求	1. 监理检查记录 2. 试验报告	具体见 GB 50150—2016《电气装置安装工程电气设备交接试验标准》
3	见证隔离开关交接试验，主要试验项目如下： 1. 测量绝缘电阻 2. 测量高压限流熔丝管熔丝的直流电阻 3. 测量负荷开关导电回路的电阻 4. 交流耐压试验 5. 检查操动机构线圈的最低动作电压 6. 操动机构的试验 将测量结果与出厂值进行对照，应满足有关标准和技术合同的要求		
4	见证及旁站互感器交接试验，主要试验项目如下： 1. 测量绕组的绝缘电阻 2. 测量 35kV 及以上电压等互感器的介质损耗角正切值 3. 局部放电试验 4. 交流耐压试验 5. 绝缘介质性能试验 6. 测量绕组的直流电阻 7. 检查接线组别和极性 8. 误差测量 9. 测量电流互感器的励磁特性曲线 10. 测量电磁式电压互感器的励磁特性		

续表

序号	监理控制要点	监理成果文件	备注
4	11. 电容式电压互感器（Capacitor Voltage Transformer，CVT）的检测 12. 密封性能检查 13. 测量铁芯夹紧螺栓的绝缘电阻 以上交接试验应满足有关标准和技术合同的要求		
5	见证及旁站高压成套配电柜交接试验，主要试验项目如下： 1. 见证主回路工频耐压试验 2. 见证电压互感器试验，包括绝缘电阻测试、直流电阻试验、极性试验、极性检查、变比检查、励磁特性试验、交流耐压试验 3. 见证电流互感器试验，包括绝缘电阻测试、直流电阻测试、变比检查、励磁特性试验、极性检查、交流耐压试验 4. 见证避雷器试验，包括绝缘电阻试验、直流参考电压测试 5. 见证断路器试验，包括分、合闸线圈检查，操动机构试验，时间测试，断口接触电阻测试，绝缘及交流耐压试验 以上交接试验应满足有关标准和技术合同的要求		
6	见证及旁站 SF_6 封闭式组合电器（GIS/HGIS）交接试验，主要试验项目如下： 1. 测量主回路的导电电阻 2. 主回路的交流耐压试验 3. 密封性试验 4. 测量 SF_6 气体含水量 5. 封闭式组合电器内各元件的试验 6. 组合电器的操动试验 7. 气体密度继电器、压力表和压力动作阀的检查 以上交接试验测量结果与出厂值进行对照应符合标准		
7	见证及旁站避雷器交接试验，主要试验项目如下： 1. 测量金属氧化物避雷器及基座绝缘电阻 2. 测量金属氧化物避雷器的工频参考电压和持续电流 3. 测量金属氧化物避雷器直流参考电压和 0.75 倍直流参考电压下的泄漏电流 4. 检查放电计数器动作情况及监视电流表指示 5. 工频放电电压试验 以上交接试验应满足有关标准和技术合同的要求		

序号	监理控制要点	监理成果文件	备注
8	见证及旁站电抗器交接试验，主要试验项目如下： 1. 测量绕组连同套管的直流电阻 2. 测量绕组连同套管的绝缘电阻、吸收比或极化指数 3. 测量绕组连同套管的介质损耗角正切值 4. 测量绕组连同套管的直流泄漏电流 5. 绕组连同套管的交流耐压试验 6. 测量与铁芯绝缘的各紧固件的绝缘电阻 7. 绝缘油的试验 8. 非纯瓷套管的试验 9. 额定电压下冲击合闸试验 10. 测量噪声 11. 测量箱壳的振动 12. 测量箱壳表面的温度 以上交接试验应满足有关标准和技术合同的要求		
9	见证及旁站电容器交接试验，主要试验项目如下： 1. 测量绝缘电阻 2. 测量耦合电容器、断路器电容器的介质损耗角正切值 $\tan\delta$ 及电容值 3. 耦合电容器的局部放电试验 4. 并联电容器交流耐压试验 5. 冲击合闸试验 以上交接试验应满足有关标准和技术合同的要求		
10	见证及旁站支柱绝缘子交接试验，主要试验项目如下： 1. 测量绝缘电阻 2. 交流耐压试验 应满足有关标准和技术合同的要求		
11	见证及旁站套管交接试验，主要试验项目如下： 1. 测量绝缘电阻 2. 测量 20kV 及以上非纯瓷套管的介质损耗角正切值 $\tan\delta$ 和电容值 3. 交流耐压试验 4. 绝缘油的试验（有机复合绝缘套管除外） 5. SF_6 套管气体试验 以上交接实验应满足有关标准和技术合同的要求		

序号	监理控制要点	监理成果文件	备注
12	见证及旁站电力电缆交接试验，主要试验项目如下： 1. 测量绝缘电阻 2. 直流耐压试验及泄漏电流测量 3. 交流耐压试验 4. 测量金属屏蔽层电阻和导体电阻比 5. 检查电缆线路两端的相位 6. 充油电缆的绝缘油试验 7. 交叉互联系统试验 以上交接实验应满足有关标准和技术合同的要求		
13	见证接地装置试验，主要试验项目如下： 1. 接地网电气完整性测试 2. 接地阻抗 以上试验应满足有关标准和设计技术合同的要求	1. 见证记录 2. 旁站记录 3. 监理检查相关记录	
14	见证二次回路交接试验，主要试验项目如下： 1. 测量绝缘电阻 （1）小母线在断开所有其他并联支路时，不应小于 $10M\Omega$ （2）二次回路的每一支路和断路器、隔离开关的操动机构自源回路等，均不应小于 $1M\Omega$。在比较潮湿的地方，可不小于 $0.5M\Omega$ 2. 交流耐压试验 （1）试验电压为 1000V。当回路绝缘电阻值在 $10M\Omega$ 以上时，可采用 2500V 绝缘电阻表代替，试验持续时间为 1min 或符合产品技术规定 （2）48V 及以下电压等级回路可不做交流耐压试验 （3）回路中有电子元器件设备的，试验时应将插件拔出或将其两端短接 以上交接以上应满足有关标准和技术合同的要求		

（4）试验结束。

序号	监理控制要点	监理成果文件	备注
1	检查试验项目是否齐全，审查试验结果是否满足有关标准和技术合同的要求	试验报告	具体见 GB 50150—2016《电气装置安装工程电气设备交接试验标准》
2	督促施工单位及时填写质量验收评定记录，施工单位三级自检后监理预验收	相关验评记录	

4 安全风险控制要点

（1）检查施工单位的试验设备是否完好、合格、有效。

（2）防止试验设备装卸过程中砸伤人员，起吊设备前检查确认吊带、钢丝绳是否完好；设备起吊过程中，严禁站在设备或吊臂的正下方；设备摆动时不得靠近，待稳定后再工作；搬运较轻的仪器设备时，注意脚不能伸到搬运物下方；注意吊车的吊臂转动半径与带电距离应满足要求。

（3）防止试验接线错误导致设备损坏。

（4）确保施工单位人员熟悉工作任务及现场安全措施满足试验要求。

（5）防止施工人员误接非独立电源，导致误跳运行设备。

（6）试验电源容量不足，可能造成电源跳闸，甚至危及变电站用电，工作前必须要求施工单位了解临时施工电源或检修电源容量情况，试验方案应明确提出对试验电源的要求。

（7）督促施工单位登高作业必须佩带安全带，安全带的使用应满足规范要求。使用梯子前检查梯子是否完好，必须有人扶梯，扶梯人应集中注意力，对登梯人工作应起监护作用。必要时使用高空作业车。

（8）现场出现交叉作业时，要求施工单位与相关单位协调，必要时要求其暂停工作，确认符合安全要求时才能开始试验。

（9）在工作开始前督促施工单位检查被试设备是否已与其他设备隔离，检查试验设备和被试设备与周围接地体和带电设备绝缘距离是否满足要求，应拆除对影响试验安全的引线，不能有侥幸心理。

（10）在试验工作前，必须确定工作范围以进行安全围栏设置，不得有缺口；在安全围栏周围派人监护，防止无关人员进入。发现有人要闯入应立即制止，制止无效时，应立即高声呼叫，尽快使试验回路紧急跳闸。

（11）为了防止感应电伤人、高压触电，在试验中断、更改接线或结束时，必须切断主回路的电源，经接地放电后才可更换试验接线。

（12）在试验完成后，督促工作负责人在试验工作结束后进行认真的检查，确认拆接引线已恢复，无遗留工具和杂物。

5 常见问题分析及控制措施

序号	常见问题	主要原因分析	控制措施	备注
1	施工现场试验仪器未报审	现场使用的试验仪器未进行报审	监理人员应该核查报审设备的型号是否与现场的一致	

序号	常见问题	主要原因分析	控制措施	备注
2	试验电源不规范或容量不足	1. 现场试验电源受限 2. 施工组织设计或临时电源施工方案中未充分考虑电气试验设备所需电源	1. 提前就现场情况考虑试验电源的布置 2. 加强方案审批，综合考虑临时施工电源容量	
3	试验未严格按试验方案实施，导致试验项目及数据不符合要求	施工人员编写施工方案没有针对性，未根据现场实际情况考虑试验要求	1. 要求试验班组提前熟悉规范 2. 加强方案学习，要求严格按方案进行相关试验，并及时与厂家的试验结果进行对比	
4	设备接地不良，对于高压电气设备接地不良的问题，后果比较严重，造成介质的大量损耗，问题不易解决	1. 施工人员随意接地 2. 接地部位未进行除锈处理	将设备接地点进行除锈处理，确保设备接地与地网接触良好	
5	1. 一次设备试验报告漏项 2. 二次调试报告不齐全	1. 试验单位、试验人员的资质不满足要求 2. 一些特殊试验项目易漏做：涉及计量的 TA 和 TV 角差、比差试验、电能表校验、直流系统试验、绝缘油试验、压力释放阀校验、瓦斯继电器校验、地网导通、SF_6 密度计校验、SF_6 设备的检漏及微水试验	1. 一次设备试验应严格按照交接试验规程进行，各设备试验项目应齐全 2. 二次设备、回路及远动系统调试均应提供调试报告 3. 监理人员见证，并严格把关	

第 11 章

继电保护

编码：BQ-021

1 监理依据

序号	引用资料名称
1	GB 50150—2016《电气装置安装工程　电气设备交接试验标准》
2	GB 50169—2016《电气装置安装工程　接地装置施工及验收规范》
3	GB 50171—2012《电气装置安装工程　盘、柜及二次回路接线施工及验收规范》
4	GB/T 7261—2016《继电保护和安全自动装置基本试验方法》
5	GB/T 14285—2006《继电保护和安全自动装置技术规程》
6	GB/T 15145—2008《输电线路保护装置通用技术条件》
7	GB/T 50976—2014《继电保护及二次回路安装及验收规范》
8	GB/T 50319—2013《建设工程监理规范》
9	《中华人民共和国工程建设标准强制性条文：电力工程部分（2011 年版）》
10	DL 5009.3—2013《电力建设安全工作规程　第 3 部分：变电站》
11	DL/T 478—2013《继电保护和安全自动装置通用技术条件》
12	DL/T 624—2010《继电保护微机型试验装置技术条件》
13	DL/T 995—2016《继电保护和电网安全自动装置检验规程》
14	DL/T 5434—2009《电力建设工程监理规范》
15	DL/T 596—1996《电力设备预防性试验规程》
16	工程设计图纸、厂家技术文件等技术文件

2 作业流程

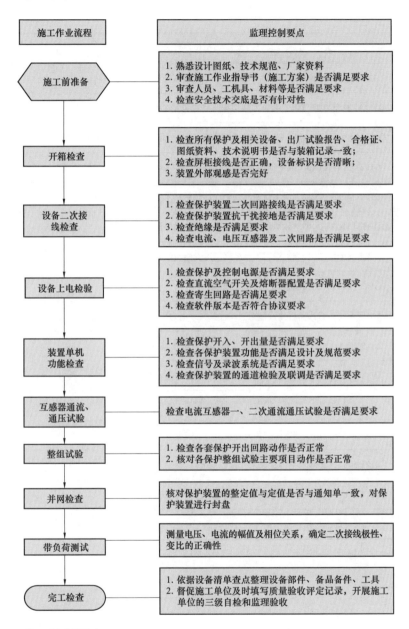

| 施工作业流程 | 监理控制要点 |

施工前准备
1. 熟悉设计图纸、技术规范、厂家资料
2. 审查施工作业指导书（施工方案）是否满足要求
3. 审查人员、工机具、材料等是否满足要求
4. 检查安全技术交底是否有针对性

开箱检查
1. 检查所有保护及相关设备、出厂试验报告、合格证、图纸资料、技术说明书是否与装箱记录一致；
2. 检查屏柜接线是否正确，设备标识是否清晰；
3. 装置外部观感是否完好

设备二次接线检查
1. 检查保护装置二次回路接线是否满足要求
2. 检查保护装置抗干扰接地是否满足要求
3. 检查绝缘是否满足要求
4. 检查电流、电压互感器及二次回路是否满足要求

设备上电检验
1. 检查保护及控制电源是否满足要求
2. 检查直流空气开关或熔断器配置是否满足要求
3. 检查寄生回路是否满足要求
4. 检查软件版本是否符合协议要求

装置单机功能检查
1. 检查保护开入、开出量是否满足要求
2. 检查各保护装置功能是否满足设计及规范要求
3. 检查信号及录波系统是否满足要求
4. 检查保护装置的通道检验及联调是否满足要求

互感器通流、通压试验
检查电流互感器一、二次通流通压试验是否满足要求

整组试验
1. 检查各套保护开出回路动作是否正常
2. 核对各保护整组试验主要项目动作是否正常

并网检查
核对保护装置的整定值与定值是否与通知单一致，对保护装置进行封盘

带负荷测试
测量电压、电流的幅值及相位关系，确定二次接线极性、变比的正确性

完工检查
1. 依据设备清单查点整理设备部件、备品备件、工具
2. 督促施工单位及时填写质量验收评定记录，开展施工单位的三级自检和监理验收

3 监理控制要点

（1）施工前准备工作。

序号	监理控制要点	监理成果文件	备注
1	熟悉厂家资料、图纸、设计交底及反事故措施对本工程的应用要点	图纸会审记录	
2	审查调试质量验收评定划分表，人员应持证上岗，试验设备应合格、有效	1. _____报审、报验表 2. 人员资格报审表 3. 工程材料、构配件、设备报审表	
3	审查施工方案是否已审批，施工负责人组织施工人员（包括临时工）进行安全和技术交底和调试方案的学习	1. 施工组织设计/（专项）施工方案报审表 2. 安全技术交底	

（2）开箱检查。

序号	监理控制要点	监理成果文件	备注
1	1. 检查所有保护及相关设备、出厂试验报告、合格证、图纸资料、技术说明书与装箱记录是否一致 2. 检查设计变更单、图纸审核会议纪要等是否齐全、正确 3. 检查开箱记录单上提供的专用工具及备品备件是否齐全	开箱检查记录	
2	1. 检查屏柜的正面及背面各电器、端子排、切换压板编号是否清晰，装置的型号、数量和安装位置等情况与设计图纸是否相符，其编号字迹应清晰、工整，保护通道及接口设备标识应清晰、正确 2. 装置外部观感应完好，装置的表面不应有影响质量和外观的擦伤，柜内应无锈蚀痕迹、无严重潮湿等现象 3. 检查端子箱的驱潮回路、照明设备		

（3）设备二次接线检查。

序号	监理控制要点	监理成果文件	备注
1	二次回路接线检查内容及要求： 1. 保护外部接线应与设计图纸相符；端子排上内部、外部连接线应正确、完整，与图纸资料一致；二次回路的接线应该整齐美观、牢固可靠 2. 跳（合）闸引出端子应与正电源适当隔开，至少间隔一个端子 3. 正负电源在端子排上的布置应适当隔开，至少间隔一个端子 4. 为防止断路器、隔离开关辅助触点拉弧，交流电压窜入直流回路，断路器、隔离开关的同一层辅助触点只能都接入直流回路或都接入交流回路	1. 调试/交接试验报告审表 2. 相关验评表格	

续表

序号	监理控制要点	监理成果文件	备注
1	5. 对外每个端子的每个端口原则上只接一根线，相同截面面积的电缆芯接入同一端子接线不超过两根，不同截面面积的电缆芯不得接入同一端子，所有端子接线紧固 6. 交、直流的二次线不得共用电缆，动力线、电热线等强电线路不得与二次弱电回路共用电缆电流回路电缆芯截面面积不小于 2.5mm² 7. 电缆在电缆夹层应留有一定的裕度，且排列整齐，编号清晰，电缆标签悬挂应美观一致；电缆标签应包括电缆编号、规格、型号及起止位置 8. 所有电缆固定后应在同一水平位置剥齐，每根电缆的芯线应分别绑扎，接线按从里到外、从低到高的顺序排列。电缆芯线接线应有一定的裕度 9. 引入屏、柜的电缆应固定牢固，不得使所接的端子排受到机械应力 10. 所有二次电缆及端子排二次接线的连接应可靠，芯线标识应齐全、正确、清晰，芯线标识应用线号打印机打印，不能手写。芯线标识应包括回路编号及电缆编号 11. 所有电缆及芯线应无机械损伤，绝缘层及铠甲应完好无破损 12. 所有室外电缆的电缆头，不能外露做好防雨、防油和防冻。所有室外电缆应预留一定的裕度 13. 电缆采用多股软线时，必须经压接线或接入端子 14. 电缆的保护套管应合适，电缆应挂标志牌，电缆孔封堵应严密	1. 调试/交接试验报告报审表 2. 相关验评表格	
2	抗干扰接地检查内容及要求： 1. 装设静态保护的保护屏间应用截面面积不小于 100mm² 的专用接地铜排直接连通，形成保护室内的二次接地网；保护屏柜下部应设有截面面积不小于 100mm² 的接地铜排，屏上设接地端子，并用截面面积不小于 4mm² 的多股铜线连接到接地铜排上，接地铜排应用截面面积不小于 50mm² 的铜缆与保护室内的二次接地网相连 2. 保护屏柜必须可靠接地 3. 保护装置的箱体必须可靠接地 4. 开关场中的二次电缆都应采用铠装屏蔽电缆。对于单屏蔽层的二次电缆，屏蔽层应两端接地，对于双屏蔽层的二次电缆，外屏蔽层两端接地，内屏蔽层宜在户内端一点接地，以上电缆屏蔽层的接地都应连接在二次接地网上。严禁采用电缆芯两端接地的方法作为抗干扰措施	1. 调试/交接试验报告报审表 2. 相关验评表格	
3	绝缘检查内容： 1. 检查交流电压回路端子、交流电流回路端子、直流回路端子、信号回路端子，使用 500V 绝缘电阻表测量装置的绝缘电阻，要求阻值均大于 20MΩ 2. 检查电流、电压、直流、信号回路绝缘，用 1000V 绝缘电阻表测量绝缘电阻，其阻值均应大于 10MΩ	1. 调试/交接试验报告报审表 2. 相关验评表格	

续表

序号	监理控制要点	监理成果文件	备注
4	电流互感器及二次回路检查： 1. 检查电流互感器二次绕组接线方式、级别、容量、实际使用变比与设计是否一致 2. 检查核实每个电流互感器二次绕组的实际排列位置与电流互感器铭牌上的标示及施工设计图纸是否一致，防止电流互感器绕组图实不符造成接线错误 3. 确认起保护作用的电流互感器二次绕组排列不存在保护死区 4. 在保护屏、录波屏、安稳屏、母差屏、端子箱、测控屏、计量屏等电流互感器二次回路端子排旁贴二次回路走向图 5. 电流互感器的二次回路有且仅有一个接地点。独立的或与其他互感器二次回路没有电的联系的电流互感器的二次回路宜在开关场实现一点接地；由几组电流互感器组合的电流回路，其接地点宜选在控制室	1. 调试/交接试验报告报审表 2. 相关验评表格	
5	电压互感器及二次回路检查： 1. 核查电压互感器二次绕组的用途、接线方式、级别、容量及实际使用变比 2. 来自开关场的电压互感器二次回路的 4 根引入线和互感器开口三角绕组的 2 根引入线均应使用各自独立的电缆，不得共用。开口三角绕组的 N 线与星形绕组的 N 线分开 3. 电压互感器的二次回路有且仅有一个接地点。经控制室零相小母线（N600）连通的几组电压互感器二次回路只应在控制室将 N600 一点接地，各电压互感器二次中性点在开关场的接地点应断开；为保证接地可靠，各电压互感器的中性线不得接有可能断开的熔断器（自动开关）或接触器等；独立的、与其他互感器二次回路没有直接电的联系的二次回路，可以在控制室或开关场实现一点接地	1. 调试/交接试验报告报审表 2. 相关验评表格	

（4）设备上电检验。

序号	监理控制要点	监理成果文件	备注
1	保护及控制电源检查内容及要求： 1. 保护装置电源应分开且独立，第一路控制电源与第二路控制电源应分别取自不同段直流母线 2. 对于双重化配置的两套保护装置，每一套保护的直流电源应相互独立，两套保护直流供电电源必须取自不同段直流母线	1. 调试/交接试验报告报审表 2. 相关验评表格	
2	直流空气开关及熔断器检查内容及要求： 1. 应采用具有自动脱扣功能的直流空气开关，不得用交流空气开关替代 2. 直流总输出回路、直流分路均装设熔断器时，直流熔断器应分级配置，逐级配合	1. 调试/交接试验报告报审表 2. 相关验评表格	

续表

序号	监理控制要点	监理成果文件	备注
2	3. 直流总输出回路装设熔断器，直流分路装设空气小开关时，必须确保熔断器与空气小开关有选择性地配合 4. 直流总输出回路、直流分路均装设空气小开关时，必须确保上、下级空气小开关有选择性地配合，直流空气开关下一级不宜再接熔断器	1. 调试/交接试验报告报审表 2. 相关验评表格	
3	寄生回路检查： 投入保护装置的所有交直流电源空气开关，逐个拉合每个直流电源空气开关，分别测量该开关负荷侧两极对地及两极之间的交、直流电压，确认没有寄生回路	1. 调试/交接试验报告报审表 2. 相关验评表格	
4	软件版本检查： 1. 软件版本应符合相应调度机构的要求，线路两端纵联保护的软件版本应一致，防止因软件版本不同而发生不必要的误动、拒动 2. 逆变电源检验，将所有插件插入，加额定直流电压，各项电压输出应正常，逆变电源应能正常启动 3. 电流、电压零漂检验。将保护装置的电流、电压输入端子与外回路断开，进入菜单查看各模拟量零漂，要求零漂值均在 $0.01I_n$（或 $0.01U_n$）以内 4. 电流、电压精度检验。在保护屏端子排通入电流、电压，进入菜单查看各模拟量数值及相角，装置采样值与外部表计测量值误差应小于5%，相位误差应小于 3°	1. 调试/交接试验报告报审表 2. 相关验评表格	

（5）装置单机功能检查。

序号	监理控制要点	监理成果文件	备注
1	保护开入量检查： 对所有引入端子排的开关量输入回路进行检查，并结合图纸检查回路接线的正确性；对压板及把手等开关量输入，采用接通、断开压板及转动把手等方法检验其正确性	1. 调试/交接试验报告报审表 2. 相关验评表格	
2	保护开出量检查： 按照装置说明书，检查所有输出触点的通断情况，并结合图纸检查回路接线的正确性	1. 调试/交接试验报告报审表 2. 相关验评表格	
3	对时系统检查： 使用 IRIG−B（DC）时间码及网络对时的系统，可通过修改装置内部时钟方式检验对时的准确性，而使用分脉冲、秒脉冲的对时系统，可通过装置对时开入量检查其准确性	1. 调试/交接试验报告报审表 2. 相关验评表格	
4	检查各保护装置功能是否满足设计及规范要求	1. 调试/交接试验报告报审表 2. 相关验评表格	

续表

序号	监理控制要点	监理成果文件	备注
5	信号及录波系统检查： 用模拟信号实际动作的方法检验保护装置异常及动作、回路异常、通道异常等信号，监控系统、保信系统硬触点信号和软报文的名称及结果应正确	1. 调试/交接试验报告报审表 2. 相关验评表格	
6	录波系统检查： 用模拟实际动作的方法检验故障录波回路的名称及启动录波是否正确	1. 调试/交接试验报告报审表 2. 相关验评表格	
7	保护装置的通道检验及联调应满足要求	1. 调试/交接试验报告报审表 2. 相关验评表格	

（6）互感器通流、通压试验。

序号	监理控制要点	监理成果文件	备注
1	电流互感器一次通流试验： 1. 核实二次回路接线的正确性及电流互感器变比和二次回路接线的正确性 2. 对电流互感器加一次电流，分别测量保护屏、测控屏、计量屏、故障录波屏、母差保护屏电流回路二次电流，检查所接电流互感器二次绕组的变比与定值通知单要求是否一致，确认电流回路没有开路 3. 在二次接线柱逐一短接电流回路二次绕组，验证电流回路接线是否正确，同时确认不会因施工接线错误而造成死区	1. 调试/交接试验报告报审表 2. 相关验评表格	
2	电流互感器二次通流试验： 在电流互感器的二次端子箱处向负载端通入交流电流，分别核对保护屏、测控屏、计量屏、故障录波屏、母差保护屏电流回路二次电流，检查所接二次回路的正确性	1. 调试/交接试验报告报审表 2. 相关验评表格	
3	电压互感器一次通压试验： 在电压互感器一次侧加入电压，测量二次侧电压幅值，检查二次电压大小是否符合变比，二次绕组使用是否正确	1. 调试/交接试验报告报审表 2. 相关验评表格	
4	电压互感器二次通压试验： 在电压互感器二次侧分别通入电压，核对各回路电压值及回路接线是否正确，对于经电压切换装置的电压回路，应核查切换前后电压回路的电值及回路接线的正确性	1. 调试/交接试验报告报审表 2. 相关验评表格	

（7）整组试验。

序号	监理控制要点	监理成果文件	备注
1	检查各套保护开出回路，包括直流控制回路、保护出口回路、信号回路、故障录波回路进行传动，校核各回路接线的正确性，检查监控系统、保信系统、故障录波器相关信息是否正确，重点验证各跳闸出口压板、对应开关、操作电源的唯一性	1. 调试/交接试验报告报审表 2. 相关验评表格	
2	整组试验主要项目： 1. 检查屏上所有端子的接线是否牢固可靠 2. 检查各保护所有功能压板已投入输入试验定值，保护动作正常 3. 由测试仪加故障电值，按定值单模拟保护各种故障，核实保护动作是否正常，信号是否正确 4. 对由两套保护、开关两路操作电源的跳闸回路检查，应检查其电源独立性，分别模拟两套保护动作，核实保护动作是否正常，信号是否正确 5. 检查各保护动作与后台数据是否一致，故障录波系统是否正常	1. 调试/交接试验报告报审表 2. 相关验评表格	

（8）并网检查。

序号	监理控制要点	监理成果文件	备注
1	检查试验接线是否已拆除，对试验电流、电压回路端子进行紧固	1. 调试/交接试验报告报审表 2. 相关验评表格	
2	1. 核对装置的整定值与定值通知单是否相符，对保护装置进行封盘处理 2. 核对试验数据、试验结论是否完整、正确 3. 检查保护信号装置是否全部复归，二次安全措施是否已恢复 4. 清除试验过程中微机装置及故障录波器产生的故障报告、告警记录等报告	1. 调试/交接试验报告报审表 2. 相关验评表格	

（9）带负荷测试。

序号	监理控制要点	监理成果文件	备注
1	1. 测量电压、电流的幅值和相位关系及二次接线极性、变比正确性 2. 对于新接的电压互感器二次回路，进行对相检查及测试电压，检查电压回路的正确性 3. 查看保护装置电压、电流采样幅值和相角及打印保护装置采样录波图，检查保护装置电压、电流采样回路极性、变比是否正确	1. 调试/交接试验报告报审表 2. 相关验评表格	

续表

序号	监理控制要点	监理成果文件	备注
1	4. 检查开关量状态及自检报告，开关量状态与实际运行状态是否一致，自检报告是否无异常信息 5. 利用钳形电流表测量 N600 接地线的电流，N600 接地线流过的电流应小于 50mA；改扩建工程，已运行电压回路 N600 接地线的电流值较上一次测量值的变化还应小于 20mA	1. 调试/交接试验报告报审表 2. 相关验评表格	

回路绝缘测试

保护装置上电检查

继电保护调试

检查保护压板及操作把手的标示是否正确

（10）完工检查。

序号	监理控制要点	监理成果文件	备注
1	依据清单查点整理设备部件、备品备件、工具等	监理检查记录	
2	督促施工单位及时填写质量验收评定记录，施工单位三级自检后监理预验收	质量验收评定记录	

4 安全风险控制要点

（1）督促施工单位要按图纸进行现场工作，严禁以记忆作为工作依据，若发现图纸与实际接线不符，应按实物查线核对。

（2）督促施工单位为防止误拆、接线，凡工作中所动的端子排、压板、空气开关等应文字标注成数字编号并记录在安全措施票上，工作完毕后一一核对；

（3）工作过程中若出现异常现象，应立即要求施工单位停止工作，查明原因并恢复正常后才能继续工作。

（4）在调试过程中，严禁电流回路开路，电压回路短路。

（5）防止因保护电源短路而导致设备损坏。

（6）进入内嵌式保护屏时，金属器具不得误碰屏内接线，拉合保护屏时不能用力过大，以防造成厂家屏内配线松动、断裂或使保护振动。

（7）试验的电流、电压回路与运行设备的电流电压回路应有明显断开点，与运行设备连接的端子排应用红色绝缘胶布封好，防止试验电流、电压加入运行设备引起误动，特别注意后级串接的电流回路。

（8）进行传动前必须通知相关工作人员，并安排人员进行监护。

（9）断开保护、操作、通风电源空气开关或取下熔断器时，要先断开分级电源，再断开总电源，投入时顺序相反。

（10）对于运行中的保护装置，在工作前与运行人员共同确定工作地点，核对设备双编号，相邻的运行设备应有明显的隔离措施，工作负责人应向全体工作班成员进行工作范围的交底，专人监护。

5 常见问题分析及控制措施

序号	常见问题	主要原因分析	控制措施	备注
1	调试过程人员缺乏技能，操作失误，未按规定使用电源造成设备损坏	1. 试验人员技术不熟练，损坏设备 2. 试验电源与现场不一致造成保护装置损坏	1. 督促施工单位在施工前组织施工人员（包括临时工）进行安全和技术交底和作业书的学习并形成记录 2. 试验前检查施工人员是否用万能表测量试验电源电压及装置电压	

序号	常见问题	主要原因分析	控制措施	备注
2	测试过程保护未正常动作	1. 仪器设备不合格，造成校验错误 2. 图纸有误，做安全技术措施时可能造成误跳运行设备 3. 保护装置交直流回路的不正确连接造成保护装置异常 4. 检测过程中，误加入不正常电流、电压烧坏保护装置 5. 二次接线错误	1. 检查仪器设备，必须使用经检验合格的 2. 要求装置精度必须满足各项要求 3. 要求测试前再次核对确认图纸与现场情况是否一致 4. 检查回路是否正确，防止交直流串电 5. 必须按厂家说明书要求加电流和电压，防止烧坏保护装置	
3	绝缘检查不合格	1. 由于受潮导致二次电缆绝缘下降 2. 二次电缆由于受外力破坏导致绝缘下降	1. 检查运抵现场的二次电缆是否封堵完好 2. 对二次电缆采取保护措施防止破坏	
4	电流回路开路	1. 施工单位在调试结束后，未及时恢复电流端子 2. 电流端子接触不良	会同施工单位对电流回路进行检查，紧固电流端子	
5	连接线未拆除	施工单位未将试验用短接线拆除	会同施工单位对二次回路进行检查，拆除试验用短接线	
6	保护装置版本不一致	1. 厂家未执行设计合同版本 2. 由于对侧变电站采用的保护版本未进行更新，同时施工单位未进行核实	保护装置上电后立刻要求施工单位及时进行核对保护版本，确保保护版本符合设计要求	
7	装置校验操作失误	1. 误将试验电压、电流加入其他回路 2. 由于 TV 短路和 TA 开路及接地不符合要求造成设备故障	1. 各组电压、电流回路检查时分别测量 2. 执行安全措施单，隔离运行安稳、录波装置的电流、电压回路 3. 编制电流、电压回路走向图 4. 检查相关回路并做好记录 5. 临时解开的接线端子需做好标示，并用绝缘胶布包扎	
8	整组传动试验不成功	1. 传动试验时设备损坏 2. 分相开关相位错误 3. 压板名称错误造成误传动 4. 二次接线有误	1. 检查现场传动条件是否符合要求，安排专人在控制电源空气开关处留守，发现异常现象时要及时断开控制电源 2. 施工人员在传动试验前核对保护屏、测控屏、现场机构处电压、相位、相序是否正确 3. 严格设备压板双重性，并做好标示 4. 在投退压板时分别传动试验,确保压板的唯一性	

第 12 章

变电站综合自动化

编码：DQ-022

1 监理依据

序号	引用资料名称
1	GB 50169—2016《电气装置安装工程　接地装置施工及验收规范》
2	GB 50171—2012《电气装置安装工程　盘、柜及二次回路接线施工及验收规范》
3	GB/T 15153.1—1998《远动设备及系统　第 2 部分：工作条件　第 1 篇：电源和电磁兼容性》
4	GB/T 13729—2002《远动终端设备》
5	GB/T 13730—2002《地区电网调度自动化系统》
6	GB/T 7261—2016《继电保护和安全自动装置基本试验方法》
7	GB/T 50479—2011《电力系统继电保护及自动化设备柜（屏）工程技术规范》
8	GB/T 50319—2013《建设工程监理规范》
9	《中华人民共和国工程建设标准强制性条文：电力工程部分（2011 年版）》
10	DL 5009.3—2013《电力建设安全工作规程　第 3 部分：变电站》
11	DL/T 1403—2015《智能变电站监控系统技术规范》
12	DL/T 1440—2015《智能高压设备通信技术规范》
13	DL/T 1101—2009《35kV～110kV 变电站自动化系统验收规范》
14	DL/T 5344—2006《电力光纤通信工程验收规范》
15	DL/T 5434—2009《电力建设工程监理规范》
16	DL/T 596—1996《电力设备预防性试验规程》
17	工程设计图纸、厂家技术文件等技术文件

2 作业流程

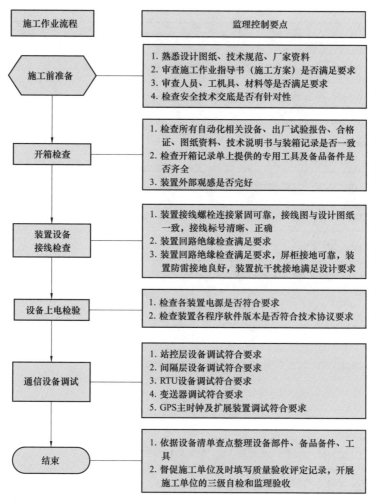

施工作业流程	监理控制要点

施工前准备
1. 熟悉设计图纸、技术规范、厂家资料
2. 审查施工作业指导书（施工方案）是否满足要求
3. 审查人员、工机具、材料等是否满足要求
4. 检查安全技术交底是否有针对性

开箱检查
1. 检查所有自动化相关设备、出厂试验报告、合格证、图纸资料、技术说明书与装箱记录是否一致
2. 检查开箱记录单上提供的专用工具及备品备件是否齐全
3. 装置外部观感是否完好

装置设备接线检查
1. 装置接线螺栓连接紧固可靠，接线图与设计图纸一致，接线标号清晰、正确
2. 装置回路绝缘检查满足要求
3. 装置回路绝缘检查满足要求，屏柜接地可靠，装置防雷接地良好，装置抗干扰接地满足设计要求

设备上电检验
1. 检查各装置电源是否符合要求
2. 检查装置各程序软件版本是否符合技术协议要求

通信设备调试
1. 站控层设备调试符合要求
2. 间隔层设备调试符合要求
3. RTU设备调试符合要求
4. 变送器调试符合要求
5. GPS主时钟及扩展装置调试符合要求

结束
1. 依据设备清单查点整理设备部件、备品备件、工具
2. 督促施工单位及时填写质量验收评定记录，开展施工单位的三级自检和监理验收

3 监理控制要点

（1）施工前准备。

序号	监理控制要点	监理成果文件	备注
1	熟悉厂家资料、图纸、设计交底及反事故措施对本工程的应用要点	图纸会审记录	
2	审查调试质量验收评定划分表、人员是否持证上岗、试验设备是否合格有效	_____报审、报验表 1. 人员资格报审表 2. 工程材料、构配件、设备报审表	

序号	监理控制要点	监理成果文件	备注
3	审查施工方案是否已审批，施工负责人组织施工人员（包括临时工）进行安全、技术交底和作业书的学习	1. 施工组织设计/（专项）施工方案报审表 2. 安全技术交底	

（2）开箱检查。

序号	监理控制要点	监理成果文件	备注
1	1. 检查所有保护及相关设备、出厂试验报告、合格证、图纸资料、技术说明书与装箱记录是否一致 2. 检查设计变更单、图纸会审会议纪要等是否齐全、正确 3. 检查开箱记录上提供的专用工具及备品备件是否齐全 4. 检查设备装置外观是否无破损，按键操作是否灵活，液晶屏幕显示器是否完好 5. 柜内应无锈蚀痕迹、无严重潮湿等现象；检查屏柜的驱潮回路、照明是否完备 6. 操作把手动作灵活、可靠	开箱检查记录	

（3）装置设备接线检查。

序号	监理控制要点	监理成果文件	备注
1	装置接线检查要求： 1. 端子排螺栓连接紧固、可靠，接线图与设计图纸一致，标号清晰正确 2. 屏柜本身必须可靠接地 3. 装置抗干扰满足设计要求，其中逻辑地、通信信号地应接于绝缘铜排上，设备外壳、屏蔽接地、电源接地应接于非绝缘铜排上 4. 装置防雷接地良好	监理检查记录	
2	绝缘检查内容： 1. 检查交直流供电电源回路，用 1000V 绝缘电阻表测量装置绝缘电阻值，要求阻值均大于 $10M\Omega$ 2. 检查主机及备机分别接于不同段母线进行供电，各电源配置独立的空气开关 3. 电源电缆应带屏蔽层，芯线截面面积不小于 $2.5mm^2$，电源回路无寄生回路，标示清晰、正确	监理检查记录	

（4）设备上电检验。

序号	监理控制要点	监理成果文件	备注
1	1. 检查各装置电源是否符合要求，不同段母线供电电压是否一致 2. 检查程序软件版本是否符合技术协议要求 3. 检查看门狗软件是否满足要求，人工停止关键进程能自动恢复并记录相关信息功能是否符合要求 4. 检查配置采用专用维护软件，能正确上装和下装远动装置程序，能查看各通道实时数据及上、下行报文 5. 装置对时误差小于 1ms，人工修改装置时间，能快速、正确地更正 6. 装置面板及运行工况灯指示正确，与说明书一致，符合设计协议要求 7. 装置通信规约版本符合技术协议要求，满足现场实际接入要求 8. 通信装置重启及双机切换正常	监理检查记录	

（5）通信设备调试。

序号	监理控制要点	监理成果文件	备注
1	站控层设备调试： 1. 主机/操作员站调试 （1）检查机箱与外部接线是否可靠，工作电源是否可靠，设备风扇运转是否正常 （2）检查监控软件版本与设计要求是否一致；检查遥测、遥信、遥控正确及进度是否满足规范要求 （3）检查后台系统实施时监控遥控权限是否明确 （4）检查各种监控信号及告警功能是否正确并记录齐全，主机/操作员站接线图与设备编号与现场实际是否一致 （5）监控主备/双网切换正常 2. 五防机一体化配置调试 （1）检查五防机工作电源的独立性，风扇运转是否正常 （2）检查五防机监控系统图与现场实际位置及编号是否一致 （3）检查五防数据记录是否齐全，打印机工作是否正常 （4）检查五防软件版本是否符合设计要求 （5）检查五防运行状态及权限设置 （6）检查五防逻辑是否正确 3. 远动机调试 （1）检查工作电源是否正常 （2）检查装置接地极通道防雷措施是否满足设计要求	调试/交接试验报告报审表	

续表

序号	监理控制要点	监理成果文件	备注
1	（3）检查远动机通信规约版本与设计是否一致 （4）检查调度通道的报文收发与报文格式是否正确，是否记录齐全并自动备份 （5）检查双机切换功能是否正常 4. 网络交换机调试 （1）检查网络交换机工作电源的独立性，并保证其工作电源二次防雷措施满足要求 （2）检查网络交换机吞吐量是否满足设计要求，网络传输延时是否满足规范要求 （3）检查网络交换机地址缓存是否满足设计要求 （4）检查光纤通道功率损耗是否符合规范要求 （5）检查二次安防交换机的安全配置是否符合访问规则	调试/交接试验报告报审表	
2	1. 间隔层设备调试 测控装置： （1）检查设备接线是否牢固，回路是否正确 （2）检查测控回路绝缘是否大于 10MΩ （3）检查测控装置电源设置是否合理，测控装置接地是否可靠并满足抗干扰要求 （4）检查测控装置现场运行版本与设计要求是否一致 （5）检查遥测、遥信传输准确传送是否及时 （6）检查装置地址是否正确，双网络切换是否正常 （7）检查测控装置各逻辑回路功能是否正确 （8）检查测控装置压板与现场压板名称是否一致 （9）检查测控装置对时精度是否满足规范要求 2. 前置机检查调试 （1）检查前置机工作电源是否正常 （2）检查测量机柜接地是否可靠并满足抗干扰要求，工作电源二次防雷器未发生击穿现象，电源风机工作正常 （3）检查前置机软件版本与设计要求是否一致 （4）检查前置机通信功能是否正常，运行无积信 （5）检查前置机看门狗软件运行是否正常，双网切换是否正常 3. 网关调试 （1）检查网关装置电源是否不小于 4.8V，测量机柜接地是否可靠并满足抗干扰要求 （2）检查网关通信功能是否正常，后台通信是否正常 4. 规约转换器调试 （1）检查其工作电源电压变化范围是否为 +15%～−20%，装置接地是否可靠并满足抗干扰要求	调试/交接试验报告报审表	

续表

序号	监理控制要点	监理成果文件	备注
2	（2）检查规约转换器软件版本与设计是否一致 （3）检查装置各通信口及通信状态是否正常 （4）检查规约转换器数据库中数据与装置是否一致 （5）检查装置与调度通信是否正常，保护装置功能是否召唤到位 （6）检查保护动作事件、告警信号、自检信号上传是否正常，记录是否齐全 （7）检查规约转换器收发数据及通信数据是否准确 （8）检查规约转换器双网切换是否正常	调试/交接试验报告报审表	
3	RTU 设备调试： 1. 检查 RTU 设备电源接线端子是否牢固，电压稳定 2. 检查测量机柜接地是否可靠并满足抗干扰要求，工作电源二次防雷器未发生击穿现象 3. 检查 RTU 软件版本与设计要求是否一致 4. 检查 RTU 信息记录是否齐全 5. 检查遥测、遥信回路等是否正确 6. 检查 RTU 双机切换是否正常 7. 检查 RTU 至各级调度通信及收发文是否正常 8. 检查 RTU 装置与调度自动化系统对时功能是否一致 9. 检查 RTU 装置与各级调度远动信息校对是否正确	调试/交接试验报告报审表	
4	变送器调试： 检查变送器电源工作是否正常，电压不超过±10%；检查变送器 P、Q、I、U 数据传送是否准确	1. 调试/交接试验报告报审表 2. 相关验评表格	
5	GPS 主时钟及扩展装置调试： 1. 检查GPS 主时钟及扩展装置工作电源是否正常，风扇运转是否正常 2. 检查主时钟及扩展装置精度与稳定度是否满足规范要求	1. 调试/交接试验报告报审表 2. 相关验评表格	

（6）结束。

序号	监理控制要点	监理成果文件	备注
1	在自动化设备安装、调试的过程中或在自动化验收过程中，对发现的问题，应及时联系并督促厂家或施工单位进行处理	1. 调试/交接试验报告报审表 2. 相关验评记录	
2	依据设备清单查点整理设备部件、备品备件、工具		

序号	监理控制要点	监理成果文件	备注
3	督促施工单位同步执行验评标准，实施监理验收，若验收合格在验评表上签名确认	1. 调试/交接试验报告 2. 相关验评表格	

4 安全风险控制要点

（1）在测控装置上模拟遥信时，误操作易导致设备事故发生，因此在模拟遥信工作时，必须在运行端子上采取隔离措施，双人操作，认真核对操作对象。

（2）防止带电插拔装置插件导致设备损坏。要求插拔插件时，必须断开装置电源，并佩戴防静电手带。

（3）误改通信地址、信息等参数导致设备停运，因此工作完成后，必须要求施工单位重新核对设备参数，并设置人员权限及密码。

（4）由于装置接入的电源电压值不满足要求，导致装置损坏，要求在装置投入电源时，必须核实装置电源电压及其极性是否满足要求。

（5）由于自动化监控后台各参数与现场各参数不一致，导致发生设备误操作事故，在自动化测试后，必须要求施工单位重新核对各参数，确保监控后台系统各参数与现场实际参数一致。

（6）若使用感染病毒的移动存储器，会导致装置感染病毒，应要求施工单位必须在工作前用最新的杀毒软件扫描移动存储器。

（7）由于对测试仪器及其使用方法不熟悉，会导致设备测试不满足工作要求，要求施工单位熟悉相关仪器仪表的运用及其测试方法。

（8）在电流二次回路测试时，禁止采用导线缠绕方法，避免导致电流二次回路开路，从而造成设备损坏及人员伤亡。

（9）在电压二次回路测试时，督促施工单位使用绝缘工器具，避免导致人员产生触电事故。

5 常见问题分析及控制措施

序号	常见问题	主要原因分析	控制措施	备注
1	TA 开路，TV 短路	调试、试验后，未认真检查回路	在调试、试验后，检查 TA、TV 回路，要求 TA 不得开路，TV 不得短路	
2	验收阶段，大量无效信息上送各级调度	在验收过程中，未采取相关措施屏蔽调试、试验信息	在实施自动化设备的验收工作时，应督促施工单位将检验设备相关信息全部屏蔽	

序号	常见问题	主要原因分析	控制措施	备注
3	保护装置、TV、TA、CTV 等的二次接线盒盖的固定螺栓未拧紧,部分二次接线端缺少平垫或螺栓固定不牢靠	进行二次设备施工和调试时,施工和试验完毕,工作人员没有及时复核	督促施工、调试人员检查二次接线螺栓应紧固	
4	电气回路传动、联动不正确	施工人员未仔细阅读图纸及未及时和厂家进行配合	1. 检查控制回路的绝缘是否正常 2. 督促施工单位按照调试大纲、规程、方案要求,进行传动、联动试验 3. 检查联动回路是否符合反事故措施要求	
5	安装好的保护装置受通信线信号干扰,引起开关的误分、误合	施工人员未对通信回路进行认真检查或错误施工,发生通信线屏蔽层两点接地,通信线与大地构成一个回路,由于两地电位差不同,产生回流,从而产生干扰信号	1. 进场通信线屏蔽层只能有一个接地点 2. 确认通信信号未对保护信号构成干扰	
6	调试过程人员缺乏技能导致操作失误,未按规定使用电源造成设备损坏	1. 试验人员技术不熟练,损坏设备 2. 试验电源与现场不一致造成自动化装置损坏	1. 督促施工单位须施工前组织施工人员进行安全和技术交底并形成记录 2. 试验前检查施工人员用万能表测量试验电源电压及装置电压,确保电源满足要求	
7	测试过程自动化未正常动作	1. 仪器设备不合格,造成校验错误 2. 图纸有误 3. 自动化装置交直流回路的不正确连接造成保护装置异常 4. 回路接线有误	1. 仪器设备在使用期间应经检验合格 2. 测试前再次核对确认图纸与现场情况一致 3. 检查回路是否正确,防止交直流串电	
8	绝缘检查不合格	1. 由于受潮导致二次电缆绝缘下降 2. 二次电缆由于受外力破坏导致绝缘下降	1. 检查运抵现场的二次电缆是否封堵完好 2. 对二次电缆采取保护措施,防止其受到破坏	
9	自动化试验不成功	1. 后台数据未录入 2. 后台装置地址有误 3. 通信系统已断开	1. 督促施工单位及厂家人员,保证后台数据齐全、正确 2. 督促施工单位保证通信系统畅通	

6 质量问题及标准示范

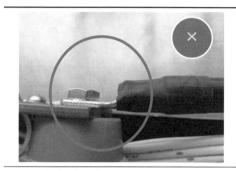 

| 二次地网接地线不应固定在支撑绝缘子上 | 二次地网接地线采用专用螺栓进行固定 |

| 屏柜内二次接地铜排绝缘子损坏 | 屏柜内二次接地铜排绝缘子完好 |